VIE ET MŒURS
DES ABEILLES

DU MÊME AUTEUR

aux Editions Albin Michel

☆

DIX PETITS HÔTES DE NOS MAISONS

Traduction de André Dalcq

L'HOMME ET LE MONDE VIVANT

Une biologie moderne à la portée de tous

Traduction de Geneviève Kœst

SCIENCES D'AUJOURD'HUI
COLLECTION DIRIGÉE PAR ANDRÉ GEORGE

Dr KARL VON FRISCH
Professeur de Zoologie à l'Université de Munich

VIE ET MŒURS DES ABEILLES

TRADUIT PAR ANDRÉ DALCQ

Préface de PIERRE-P. GRASSÉ
Membre de l'Institut,
Directeur du Laboratoire d'Évolution des Êtres Organisés,
Professeur à la Sorbonne.

NOUVELLE ÉDITION ENTIÈREMENT REFONDUE
ET MISE A JOUR PAR L'AUTEUR.

ÉDITIONS ALBIN MICHEL
22, RUE HUYGHENS
PARIS

Edition allemande :
Aus dem Leben der Bienen
© 1927, 1948, 1953 et 1959, by SPRINGER-VERLAG OHG
Berlin. Göttingen. Heidelberg.
6e édition, 1959.

L'auteur de la traduction voudrait exprimer sa reconnaissance aux éminentes personnalités qui lui ont facilité cette modeste contribution à la diffusion de la pensée scientifique : au Professeur Fr. Baltzer, Directeur de l'Institut de Zoologie de Berne, qui fut à l'origine du projet ; à l'auteur même de ces recherches désormais célèbres, pour l'accueil empressé qu'il réserva à la suggestion de son ami le Dr Baltzer ; au Professeur P. Grassé, Membre de l'Institut de France et Directeur du Laboratoire d'Evolution des Etres Organisés à la Sorbonne, pour avoir bien voulu présenter cet ouvrage au public de langue française, avec son autorité de spécialiste des sociétés animales ; au Professeur P. Brien, Directeur du Laboratoire de Zoologie à l'Université de Bruxelles, pour la documentation adéquate qui lui est due et pour ses encouragements ; au Professeur J. Pasteels, qui joint à sa réputation d'Embryologiste celle de spécialiste reconnu en Hyménoptères parasites, pour ses judicieux avis et la révision du manuscrit. Il tient en outre à remercier M. R. Fauconier, dessinateur de l'Institut d'Anatomie de Bruxelles, pour le réel talent avec lequel il a su reproduire les illustrations de l'édition originale.

M. André Dalcq, auteur de la première traduction en langue française — établie d'après la 5e édition du livre du Professeur K. v. Frisch —, étant décédé en 1958, l'adaptation de l'édition française à la 6e édition de l'ouvrage original a été assurée par Madame André Dalcq, M. Ch. Bellefontaine, professeur à l'Institut supérieur de Commerce de l'Etat à Anvers, et le Professeur A.-M. Dalcq.

PRÉFACE DE L'ÉDITION FRANÇAISE

Le petit livre que j'ai l'honneur de présenter au public français a connu en Allemagne un succès que cinq éditions successives n'ont pas épuisé. Traduit en anglais, il a reçu de la critique l'accueil le plus flatteur.

Son mérite le plus évident, et il n'est pas mince, est d'exposer les principaux résultats scientifiques de son auteur. Karl von Frisch, professeur de Zoologie à l'Université de Munich, est, sans conteste, le naturaliste qui a le mieux compris la biologie et la physiologie sensorielle des abeilles.

C'est lui qui, au cours des quarante dernières années, a fait accomplir à nos connaissances sur ces insectes les progrès les plus marquants. Il ne s'embarrasse pas de grandes théories et sait, avec aisance, se libérer des idées reçues qui sont bien le plus gros des obstacles auxquels se heurte le chercheur sur la voie de la découverte. Par des expériences aussi simples qu'élégantes, il sait interroger les animaux et les obliger à lui révéler leurs secrets. Si le génie se reconnaît à l'imagination créatrice et à la perception de rapports entre les choses qui échappent au commun des mortels, Karl von Frisch l'a reçu en partage.

Connaître la nature des messages en provenance de l'extérieur que capte l'animal et auxquels il répond est la tâche préliminaire qui s'impose au biologiste soucieux de comprendre la conduite des animaux sans faire appel à la facile mais trompeuse analogie anthropomorphique.

Les insectes portent avec eux un riche assortiment d'organes sensoriels, dont la fonction de certains nous est encore inconnue. L'abeille, à cet égard, est supérieurement dotée et, à la finesse de ses récepteurs, s'ajoute la qualité exceptionnelle de son système nerveux central.

Sa sensibilité aux excitations extérieures, les seules en fait que nous connaissons, diffère de la nôtre. L'ultra-violet, que nous ne voyons pratiquement pas, éveille en elle une sensation colorée ; en revanche, elle ne peut distinguer le rouge du noir. Il est vraisemblable qu'elle enregistre les sons de très haute fréquence qui échappent à notre oreille. Sa sensibilité aux variations de température est certaine.

Presque tout ce que nous savons de l'univers perceptif des abeilles, nous le devons au professeur K. von Frisch. Observateur d'une rare perspicacité, il tire un merveilleux parti de faits en apparence banaux et dépourvus d'intérêt. Une butineuse qui tourne ou frétille sur les rayons de cire et voici découvert le langage des abeilles ! Qu'on lise le présent livre ou les mémoires originaux de K. von Frisch, on se laisse aller, tant l'exposé en est simple et clair, à croire que la découverte était facile et à la portée de tous. Eh bien, détrompez-vous ; la tâche a été rude, parfois rebutante et, pour la mener à bien, elle nécessitait un chercheur doué d'une intuition profonde et d'une volonté inébranlable.

Lorsqu'en 1920, *K. von Frisch parla pour la première fois du langage des abeilles, bien des biologistes accueillirent avec scepticisme ses observations et ses expériences. Certains allèrent jusqu'à l'accuser d'anthropomorphisme. Mais devant les preuves irréfutables qui, année après année, s'accumulaient, ils durent bien s'incliner et reconnaître que l'information sociale atteint une perfection insoupçonnée dans le monde des abeilles. Cette information ne se limite pas à la quête de la nourriture ; elle joue un rôle important lors de l'essaimage et s'étend probablement à bien d'autres activités des butineuses et des nourrices.*

La ruche, la fourmilière, la termitière ne sont point de simples rassemblements d'individus qui, en tant que tels, se comportent comme s'ils vivaient isolés. Des corrélations physiologiques, surtout sensorielles, existent entre les membres d'une même société. Lorsque les insectes sociaux accomplissent une tâche collective, ils coordonnent leurs actes de telle sorte que l'œuvre réalisée est cohérente et se répète identiquement dans toutes les sociétés appartenant à la même espèce. J'ai insisté à maintes reprises sur le caractère inné et vraisemblablement automatique de la coordination sociale chez les insectes. L'acte de l'un d'eux déclenche une réponse adaptée d'un autre individu et ainsi de suite. Le problème de savoir comment se sont établis des comportements héréditaires complexes et précis entre dans le cadre du problème plus général de l'évolution organique. Le biologiste n'est pas, actuellement, en mesure de le résoudre.

Grandeurs et misères de la vie sociale, le groupe s'empare des potentialités individuelles, les amplifie, les exalte et même en fait « émerger » de nouvelles ; mais ses membres perdent leur liberté d'action et ne peuvent subsister hors de lui. L'abeille prise isolément n'a pas cependant totalement abdiqué en tant qu'individu ; sur elle, le joug social pèse moins lourdement que sur les termites, incapables d'agir et de travailler en solitaires. La « chaste buveuse de rosée » visite seule le « lys du coteau », se gorge de nectar, se charge de pollen, récolte la propolis. Bien que seule, elle sait retrouver sa route et enseigner à ses congénères ses trouvailles heureuses.

Etre d'harmonie, sommet de la connaissance instinctive, telle nous apparaît l'abeille mellifique et Karl von Frisch, bien que travaillant avec une impeccable rigueur scientifique, n'enlève rien à la poésie des filles de l'Hymette. Dans les pages de son livre circule je ne sais quelle brise parfumée qui évoque le printemps, le verger blanc de fleurs et bruissant de butineuses. Karl von Frisch vit de la vie de la ruche, la comprend. Comme la petite Roesel du conte d'Erckmann-Chatrian, il voit par les yeux des abeilles et partage leurs allégresses comme leurs effrois.

Rien de grand ne se fait sans passion, sans amour. K. von Frisch, dont on devine dans ses écrits, et plus encore dans ses conversations, l'intense vie méditative, aime les abeilles. Elles restent pour lui, après quarante années d'études, un constant sujet d'émerveillement. Quiconque lira ce petit livre sera pris, j'en suis certain, par le charme qui s'en dégage et par l'émotion, discrète mais certaine, qui parcourt maintes de ses pages.

Karl von Frisch a trouvé en M. André Dalcq un traducteur fidèle et méticuleux qui mérite nos compliments.

PIERRE-P. GRASSÉ,
de l'Institut.

PRÉFACE DE LA PREMIÈRE ÉDITION

Si, en vue d'explorer des choses simples, le chercheur s'encombre de verres trop puissants, il peut se faire qu'il n'aperçoive plus la nature qui s'étale devant son appareillage. C'est ainsi que, il y aura bientôt vingt ans, un éminent savant arriva, au cours d'une étude sur la manière dont les animaux perçoivent les couleurs, à la conclusion apparemment irréfutable que les abeilles ne les voient pas. C'est ce qui m'incita tout d'abord à m'intéresser de plus près à leur vie.

En effet, lorsqu'on connaît, pour les avoir observés en pleine nature, les rapports entre abeilles et fleurs chatoyantes, on est porté à croire à une conclusion erronée du chercheur plutôt qu'à une absurdité de la nature. Depuis lors, le monde des abeilles n'a cessé de m'attirer et de m'enchaîner toujours davantage. Je lui dois des heures qui, bien que très clairsemées parmi des jours et des semaines d'abattement et de vains efforts, n'en étaient pas moins empreintes de la plus pure joie que puisse conférer la découverte.

Un des motifs qui me poussa à écrire ce petit livre fut le désir de faire participer autrui à la joie que j'avais vécue. On y trouvera consignées à la fois les observations d'autres chercheurs et de générations qui nous ont précédés, les découvertes de mes collaborateurs et les miennes propres, toutes réunies fraternellement, sans que soient cités de noms. Ce n'est que le fait en lui-même qui doit nous intéresser, et pas celui qui l'a découvert.

Mais n'existe-t-il pas déjà trop de livres qui traitent des abeilles ? Il y a la célèbre Vie des Abeilles, *de Maeterlinck, ou* L'Abeille Maja, *de Bonsel, ouvrages où se révèle un admirable don d'observation de la nature et qui constituent un véritable délice pour les connaisseurs ; mais le lecteur non averti y verra difficilement la limite entre l'observation et l'imagination poétique. Celui qui cherche à parfaire sa formation par l'étude de la vie des abeilles — dégagée de ce qu'y a introduit le talent du poète —, peut consulter les manuels ou les traités qui s'y rapportent. Mais ceux-ci sont écrits avant tout pour les apiculteurs et s'embarrassent donc d'une foule d'explications qui importent peu à qui aime la nature ; d'ailleurs, ils ne sont pas à l'abri de l'imagination, si même ils échappent au génie du poète. Restent les ouvrages scientifiques.*

Je voudrais transmettre au lecteur ce qu'il y a d'intéressant dans la vie des abeilles. Je ne m'encombrerai cependant pas des conseils pratiques que doit apporter un manuel et ne prétendrai pas être aussi complet qu'un traité. Je ne chargerai pas non plus mon exposé des données numériques, des protocoles et des documents dont doit s'armer un travail scientifique pour être à même de convaincre. Enfin, je n'essayerai pas d'embellir de façon fantasque la poésie de la réalité.

Brunnwinkel, Pâques 1927. K. v. Frisch.

PRÉFACE DE LA CINQUIÈME ÉDITION

La vie des abeilles est une source enchantée. Plus on y puise, plus ses flots se font abondants. C'est ainsi que, depuis la parution de la dernière édition, nos connaissances se sont encore enrichies et nous ont obligé à revoir de fond en comble notre ouvrage et à le compléter.

J'aurais aimé raconter encore plus de choses. Le lecteur averti regrettera l'absence de maintes d'entre elles. Le sens du livre ne s'est pourtant pas modifié au cours des années. Rappelons qu'il ne s'agit pas d'un précis, mais seulement d'un travail destiné à améliorer la compréhension des phénomènes dont est le siège la colonie d'abeilles, et dont l'étude constituera toujours pour les esprits ouverts une source de perfectionnement et pour les apiculteurs la base du succès.

Munich, le 19 *novembre* 1952. K. v. FRISCH.

PRÉFACE DE LA SIXIÈME ÉDITION

La vie des abeilles est une source miraculeuse. Plus on y puise, plus on la voit couler abondamment. D'édition en édition, les nouveautés s'accumulent. Toutefois, un format limité est assigné à notre opuscule. Ce n'est — hélas — pas un « sac magique » que l'on pourrait remplir toujours davantage, sans le voir grossir. Aussi ai-je abrégé en divers endroits et sacrifié d'anciennes illustrations, pour gagner un peu de place. Néanmoins, il n'a pas été possible d'éviter un certain accroissement de volume. L'éditeur l'a accepté : il faut lui en savoir gré. N'est-il pas vrai que, pour un livre aussi, une légère corpulence peut être admise en considération de l'âge ?

Que le lecteur sache ceci : notre livre n'est pas une mise au point où l'on trouve toute espèce d'information. De pareils ouvrages, il en existe assez. Celui-ci veut attirer l'attention sur certaines choses qui se passent dans la vie sociale des abeilles, des choses qui, sans qu'elles soient d'un niveau inférieur, se présentent autrement que les mœurs et les aptitudes des hommes. Ce livre veut simplement apprendre à saisir ces choses — autant qu'il se peut — car leur compréhension assure le succès de l'apiculteur et doit enchanter tous ceux qui, dans le tourbillon de la technique, ont su garder un esprit ouvert à la nature vivante.

Brunnwinkel, le 13 *octobre* 1958. K. v. Frisch.

VIE ET MŒURS DES ABEILLES

I

LA COLONIE D'ABEILLES

Il y a pour l'ami de la nature deux façons de faire connaissance avec les Abeilles : s'il se promène par une chaude journée de printemps ou d'été le long d'un verger ou d'une prairie en fleurs, il pourra voir comme elles s'y affairent, et s'il vient à passer devant le rucher d'un éleveur, il les verra voler autour des orifices de leurs demeures, qu'elles y entrent ou qu'elles en sortent. Il pourra y avoir quelques douzaines de ruches, ou même plus d'une centaine. L'apiculteur peut même se contenter d'une seule, s'il le désire. Mais il ne peut posséder d'unité plus petite qu'une « ruche », qu'une « colonie », à laquelle appartiennent pourtant de nombreux milliers d'abeilles. Un paysan peut n'avoir qu'une seule vache, *un* chien, même *une* poule, s'il le désire, mais il ne peut pas garder une abeille isolée — elle périrait au bout de peu de temps. Il ne faut pas dire que cela va de soi, et c'est même très remarquable, car chez les autres insectes, lointains parents de nos abeilles, une telle vie en commun n'est pas du tout la règle générale. Chez les papillons, les coléoptères, les libellules, et ainsi de suite, nous voyons des mâles et des femelles se retrouver pendant un temps très court, pour s'accoupler ; puis ils se séparent rapidement, et chacun s'en va de son côté ; la femelle pond ses œufs à un endroit où les jeunes animaux, une fois éclos, trouveront leur nourriture, mais elle ne soigne pas ses jeunes, elle n'apprend pas à les connaître ; elle ne se soucie plus des œufs qu'elle a pondus, et d'ailleurs, la plupart du temps, elle est morte avant que sa progéniture n'éclose. Pourquoi alors les abeilles dépendent-elles les unes des autres au point qu'elles ne peuvent vivre chacune pour elle seule ? Et qu'est-ce, en fin de compte, qu'une colonie d'abeilles ?

Supposons que le soir, lorsque toutes les abeilles sont rentrées à la ruche, nous puissions prendre celle-ci, l'ouvrir et déverser tout son contenu sur une table. Combien y trouverons-nous d'habitants ? Si nous nous donnons la peine de compter, et si la colonie choisie n'est pas débilitée, nous y trouverons de 40 000 à 70 000 abeilles, donc à peu près autant d'individus qu'il y a d'habitants dans une assez grande ville. Et dans ce nombre ne sont pas comptés les jeunes ; pour ces derniers, la situation est différente : on ne les voit pas. Nous nous occuperons donc d'abord des adultes.

Au premier abord, ceux-ci paraissent tous semblables entre eux. Le corps de chaque abeille se subdivise nettement en trois parties : la *tête*, avec les grands yeux latéralement, la bouche en dessous et les deux antennes en avant (fig. 1) ; — on trouve ces dernières chez tous les insectes, et elles ont acquis, chez les coléoptères longicornes, un développement tellement considérable qu'il nous amusait déjà lorsque nous n'étions que des bambins — ; le *thorax*, sur lequel s'insèrent latéralement deux paires d'ailes et en dessous trois paires de pattes ; enfin, l'*abdomen* annelé, qu'une taille grêle relie au thorax.

En les examinant de plus près, on remarque tout de même des différences entre les animaux qui forment l'ensemble de la colonie. Il y a *une* abeille qui se distingue du reste de ses compagnes par son abdomen long et svelte ; les apiculteurs la désignent du nom de *reine* (fig. 1 *a*) ; c'est d'elle que dépend en ordre principal la prospérité ou la ruine de la colonie, car elle est la seule femelle qui soit complètement développée, la seule abeille, dans des circonstances normales, qui ponde des œufs et pourvoie donc à la descendance. On trouve en plus grand nombre d'autres abeilles qui se carac-

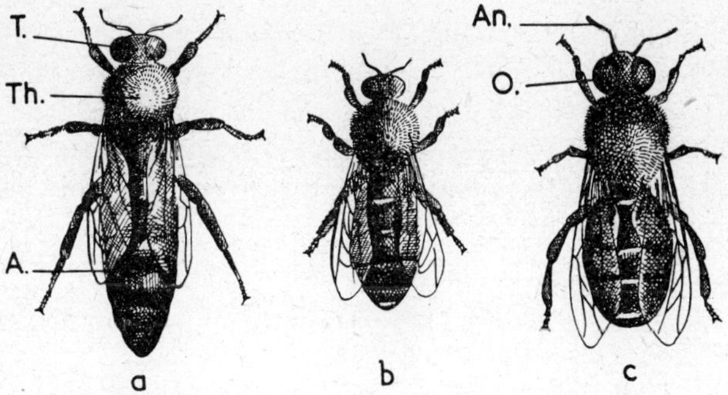

Fig. 1. — *a* reine (femelle complètement développée), *b* ouvrière, *c* faux bourdon (abeille mâle). *T* tête, *Th* thorax, *A* abdomen, *O* œil, *An* antenne (d'après une photographie du Dr LEUENBERGER) ; agrandi 2 fois.

térisent par un gros corps massif et des yeux particulièrement grands ; ce sont les mâles, les *faux bourdons* (fig. 1 *c*) ; ils ne sont présents qu'au printemps et au début de l'été ; plus tard ils sont inutiles et sont alors expulsés avec violence par leurs propres compagnes ; c'est donc en vain que nous chercherions des faux bourdons en automne ou en hiver. Toutes les autres abeilles sont des *ouvrières* (fig. 1 *b*) ; elles forment la grande masse de la colonie ; ce sont des femelles, mais elles ne pondent pas ; l'ouvrière a précisément perdu cette aptitude par laquelle se manifeste le plus clairement le sexe féminin chez la reine et chez les autres insectes ; en revanche, l'instinct maternel envers la descendance, le souci de nourrir et de soigner la progéniture, atteignent chez elles un degré d'épanouissement jamais vu chez les insectes ; elles déchargent complètement la reine de cette tâche, pour laquelle elle n'a d'ailleurs aucune disposition. Donc c'est la reine qui pond les œufs et c'est l'ouvrière qui en prend soin. Mais les ouvrières veillent aussi à la propreté de la ruche, en éliminant les déchets et les cadavres, y font fonction d'architectes ; elles s'arrangent pour que la chaleur qui convient règne dans la ruche, assurent la défense de cette dernière s'il le faut, procurent la nourriture et surveillent sa répartition — toutes choses dont reine et faux bourdons ne se mêlent pas.

Ainsi, dans une colonie d'abeilles, tous les individus sont tributaires les uns des autres, et sont incapables de subsister par eux-mêmes.

II

L'HABITAT DES ABEILLES

L'apiculteur met à la disposition de chacune de ses colonies une caisse en bois, la « ruche à cadres » (fig. 5, p. 8). Sur la face antérieure de celle-ci est aménagée une fente, le trou de vol, par où les abeilles entrent et sortent. Autrefois, les éleveurs avaient, au lieu de caisses en bois, des corbeilles de paille, que l'on utilise encore aujourd'hui en bien des endroits (fig. 2).

Le lecteur demandera de même où les abeilles ont habité avant que l'homme ne les ait domestiquées. En vérité, l'apiculture est très ancienne — il y a 5 000 ans déjà, les Egyptiens se sont occupés d'élevage d'abeilles, comme nous le savons par des représentations découvertes dans des temples et des tombes royales —, mais les abeilles elles-mêmes sont certainement encore beaucoup plus anciennes, et ont vécu à l'état sauvage avant que l'homme ne prenne soin d'elles.

Il n'est pas rare qu'une colonie d'abeilles échappe à l'apiculteur et aille s'abattre dans un arbre creux d'une forêt. C'est là l'habitat primitif des abeilles, et comme il y avait autrefois plus d'arbres creux que dans nos forêts d'aujour-

Fig. 2. — Rucher accroché à une ferme à Ubersee (Haute-Bavière). (Photo du Dr Wohlgemuth.)

d'hui, si bien entretenues, les abeilles ne connaissaient sûrement pas de « crise du logement ».

Mais l'arbre, tout comme la corbeille de paille et la ruche de bois, ne fournit à la maison des abeilles que la protection extérieure ; l'installation intérieure, les abeilles se la construisent elles-mêmes, en ce sens qu'elles édifient avec de la cire un système de rayons à miel (fig. 3).

Maint apiculteur utilise, pour y loger la colonie, un bloc de bois, qui n'est autre chose qu'un morceau d'arbre creux (fig. 4). Cette sorte de ruche est celle qui se rapproche le plus de l'habitat primitif, naturel des abeilles. Les corbeilles de paille offrent en dedans le même genre de cavité bien protégée, et ont l'avantage d'être plus légères, plus maniables. Mais l'intérieur de ces anciennes ruches est difficilement accessible à l'apiculteur qui veut y effectuer une opération quelconque. C'est pourquoi on fit faire un grand pas en avant à l'élevage des abeilles lorsqu'on eut l'idée, au milieu du siècle dernier, de les loger dans une caisse en bois dont la paroi postérieure ou le couvercle peut s'enlever, et de suspendre à l'intérieur de cette caisse un certain nombre de petits cadres

Fig. 3. — Ruche placée de façon à voir, d'en bas l'assemblage de rayons se trouvant à l'intérieur. (Photo Prof. Zander.)

Fig. 4. — Souche d'arbre creuse aménagée en ruche. (Photo Dr Wohlgemuth.)

de bois, dans lesquels les abeilles construisent alors leurs rayons à miel (fig. 5). Chacun de ceux-ci peut maintenant s'enlever séparément avec son cadre et se remettre en place, s'il faut y vérifier ou y arranger quelque chose ; ou bien on peut en ôter quelques-uns, tout garnis de miel, et les remplacer par des rayons vides, sans que la colonie en soit notablement dérangée, alors qu'avec l'ancien système le prélèvement du miel allait de pair avec la destruction de l'aménagement interne et même souvent avec l'anéantissement de la colonie. L'usage des ruches en bois à « cadres mobiles » a donc pris une extension considérable.

Le fait que la ruche en entier est mobile présente encore un avantage particulier pour l'apiculteur. L'arbre creux, habitat primitif des abeilles, est fixé au terrain, alors que rien n'empêche l'éleveur de charger ses caisses ou ses corbeilles sur un camion et d'aller dans une autre région, si à une saison donnée les fleurs, sources de miel pour les abeilles (cf. p. 16), diminuent là où il habite, tandis qu'ailleurs elles lui promettent une riche récolte. Cette *apiculture ambulante* est devenue dans beaucoup de régions un moyen excellent pour accroître la production de miel. A la fin de l'été, lorsque les fleurs commencent à devenir rares, les apiculteurs, venant de tous les côtés, arrivent aux endroits où s'étendent de grands champs de sarrasin, de larges surfaces couvertes de bruyère, où d'innombrables millions de fleurs riches en miel s'ouvrent pour quelques semaines ; ils y installent leurs colonies d'abeilles, tout comme à un moment donné le paysan mène son bétail sur l'alpe, pour tirer parti d'une prairie qui, sans cela, resterait inutilisée.

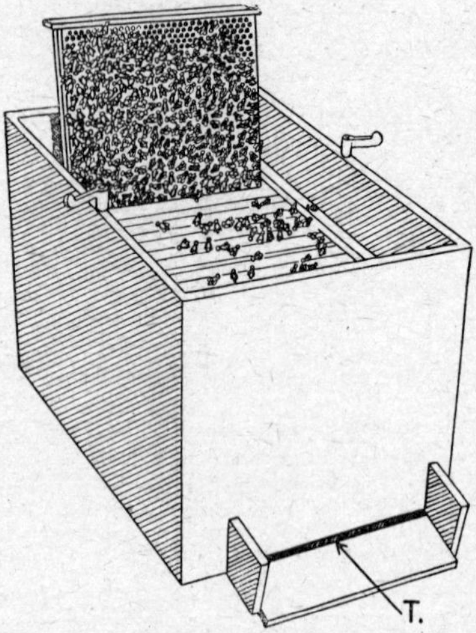

Fig. 5. — Caisse à abeilles dont on a enlevé le couvercle et soulevé un rayon avec son cadre. *T* trou de vol, à la face antérieure de la ruche, avec la planchette d'envol devant lui.

L'éleveur met donc à la disposition de ses abeilles la ruche et les cadres dans lesquels elles édifieront leurs rayons à miel. Ces derniers, ce sont elles qui les font. Et elles fabriquent même la matière avec laquelle elles les bâtissent : les abeilles produisent elles-mêmes la *cire*, dont chaque ouvrière porte en elle une petite fabrique.

Cela nous paraît prodigieux, et à peine plus compréhensible si l'on nous dit que la production de cire n'est pas

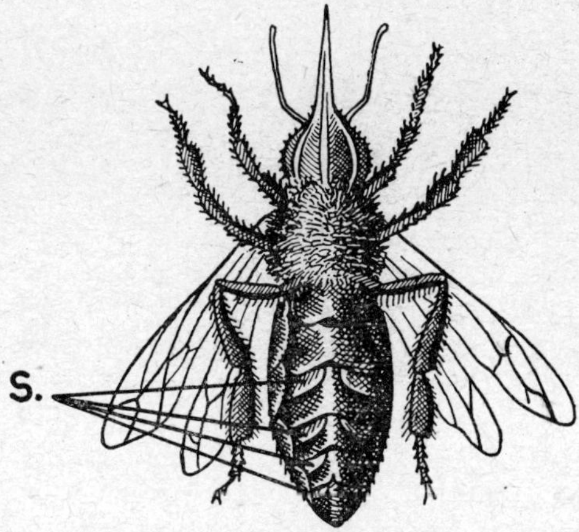

Fig. 6. — Abeille exsudant de la cire, vue du côté ventral. *S*, squames de cire sortant des plis de la peau.

l'apanage des abeilles seulement. On l'observe aussi chez d'autres insectes. C'est ainsi qu'en été, par exemple, il n'est pas rare de voir de petits flocons blancs, qui voguent dans les airs comme de minuscules flocons de neige. Si on les attrape et qu'on les examine attentivement, on y reconnaîtra un puceron, enveloppé d'une fourrure de très fins fils de cire blancs, qui ont suinté à travers les pores de sa peau. C'est à la face inférieure de leur abdomen que les abeilles sécrètent la cire, dont la constitution chimique ressemble à celle de la graisse. Elle y apparaît sous forme de petites squames minces, dans la profondeur des plis que forment les anneaux de l'abdomen (fig. 6). Au lieu de laisser tomber inutilement ces petites écailles de cire, les abeilles les recueillent avec leurs pattes et les malaxent à l'aide de leurs puissantes mandibules — ces pinces si utiles dont leur bouche est pourvue (fig. 7, M) — jusqu'à en faire une petite boulette, qu'elles utiliseront, avec d'autres, pour bâtir le rayon, morceau par morceau.

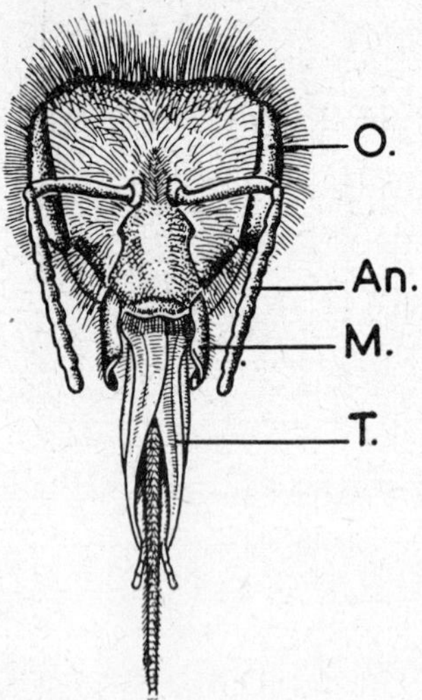

Fig. 7. — Tête d'abeille, vue de face. *M* mâchoire antérieure ou mandibule, *T* langue. *An* antenne *O* œil composé. (Agrandi.)

Les abeilles ne construisent pas de façon permanente dans la ruche mais, lorsqu'il le faut, elles le font très rapidement. La figure 8 montre ce que les petits architectes sont parvenus à faire en une nuit. Nous voyons aussi sur la figure que la construction du rayon débute par le haut, et progresse vers le bas.

Chaque rayon à miel se compose de plusieurs milliers de petites loges de cire, ou « cellules », qui servent, les unes de chambre pour le jeune couvain, les autres de magasin pour la nourriture. Leur disposition nous surprend, tellement elle est pratique. Coupons transversalement, de haut en bas, un rayon à miel, et nous obtiendrons une image comme celle que nous donne la figure 9 *a*. Nous y voyons une cloison médiane (*M*) qui, comme les autres parties, est faite de cire, et qui forme le fond commun aux cellules qui se dirigent de chacun des deux côtés. Le fond de chaque cellule est excavé, et les renforcements des logettes qui se font face

Fig. 8. — Rayon en cours d'élaboration. (Photo E. SCHUHMACHER.)

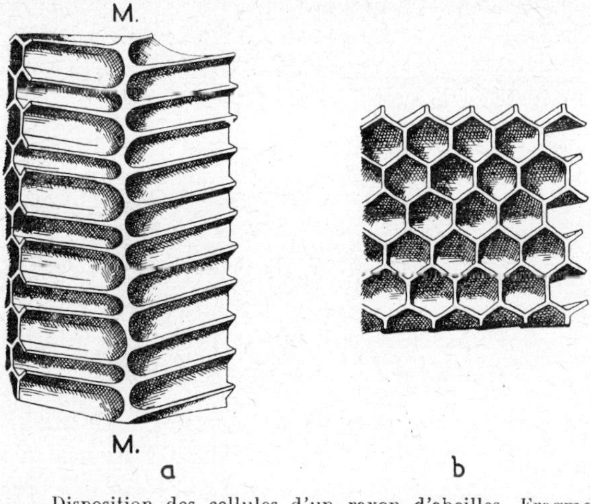

Fig. 9. — Disposition des cellules d'un rayon d'abeilles. Fragment de rayon : *a* coupé transversalement, *b* vu de la surface, *M* cloison médiane.

sont savamment imbriqués les uns dans les autres, de façon à bien exploiter l'espace disponible. Les cellules s'enfoncent obliquement vers le bas, et leur inclinaison est justement suffisante pour que des gouttes des provisions de miel visqueux qui y ont été déversées ne puissent s'en écouler. Mais ce qu'il y a de plus remarquable, c'est que les parois latérales des cellules forment des hexagones (fig. 9 *b*). De prime

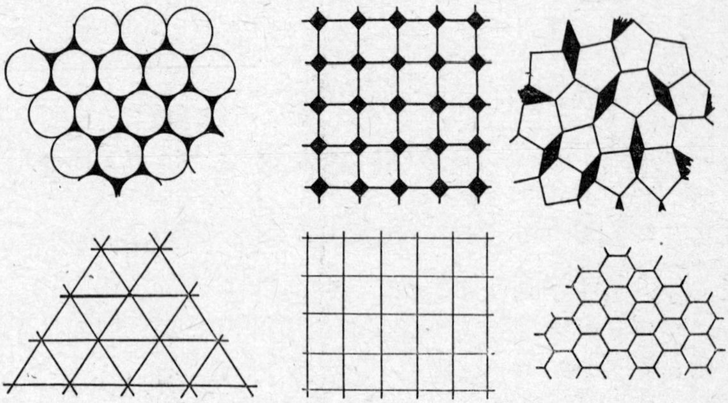

Fig. 10. — Explication dans le texte.

abord, les abeilles pourraient tout aussi bien bâtir des logettes à parois incurvées, comme le font effectivement les bourdons, ou bien faire s'appuyer les unes sur les autres un autre nombre de faces latérales (fig. 10). Mais des cellules rondes, octogonales, ou pentagonales (fig. 10, rangée supérieure) laisseraient entre elles des interstices inutilisés (en noir sur la figure), ce qui serait un gaspillage d'espace ; en outre, chaque cellule devrait avoir, dans ces cas, des parois qui ne lui serviraient qu'à elle seule, en partie sinon complètement, et il y aurait donc gaspillage de matériaux. Dans le cas de cellules triangulaires, quadrangulaires ou hexagonales (rangée inférieure de la figure 10), ces deux inconvénients tombent, puisque chaque paroi est commune à deux cellules voisines dans toute son étendue et est donc doublement mise à profit, et qu'il ne subsiste aucun interstice. Les triangles, les carrés et les hexagones de la figure 10 sont dessinés de telle sorte qu'ils délimitent des surfaces exactement égales. Des cellules d'abeilles dont la coupe transversale correspond à ces mesures, et qui auraient toutes la même profondeur, contiendraient donc la même quantité de miel, qu'elles soient triangulaires, carrées ou hexagonales. Mais de ces trois formes géométriques de même surface, c'est l'hexagone qui a le plus petit périmètre. Ce sont donc les cellules *hexagonales* qui, à égalité de capacité, exigent le moins de matériaux. En outre, elles s'adaptent bien mieux que les cellules carrées, et surtout que les triangulaires, à la forme arrondie des jeunes qui sont élevés dans bon nombre d'entre elles.

Avec leurs cellules hexagonales, les abeilles ont donc vraiment trouvé la forme la meilleure et la plus économique qui se puisse concevoir. Quant à savoir comment elles y sont arrivées, c'est ce qui a déjà fait l'objet de beaucoup de discussions et d'articles, sans qu'aucun des savants qui ont étudié le problème ne soit parvenu à le résoudre.

Nous avons déjà fait brièvement allusion au double rôle des alvéoles : les provisions de bouche y sont emmagasinées, et les jeunes abeilles s'y développent. Nous aurons donc à nous occuper maintenant de la nature et de la provenance de la nourriture, puis du couvain.

III

DE QUOI SE NOURRIT LA COLONIE D'ABEILLES

Il existe, quant au régime alimentaire, d'amusants originaux parmi les animaux comme parmi les humains ; seulement, chez l'Homme, les caprices de l'individu peuvent s'exercer dans un champ très étendu, alors que la nature stipule plus strictement à chaque espèce animale ce qu'elle peut ou ne peut pas manger. Beaucoup de chenilles se nourrissent d'un grand nombre de feuilles d'essences différentes ; mais il en existe une qui ne vit que de saule marseau et dédaigne toute autre nourriture, quand bien même elle devrait en mourir de faim. Il y a une puce dont la soif sera étanchée aussi bien par le sang de l'homme et celui du chien que par celui des chats ou des rats ; une autre espèce de puce, elle, ne se nourrit *que* du sang de taupe.

Ces différences sont bizarres, car au fond tous les hommes et tous les animaux, qu'ils ne consomment que certains aliments particuliers ou qu'ils soient omnivores, ont besoin des mêmes matériaux nutritifs pour vivre, et ils ne font que les absorber sous des formes quelque peu différentes les unes des autres. Dans notre alimentation, nous avons tous besoin de graisse et de sucre, comme source de chaleur pour notre machine vivante et d'énergie pour nos muscles, tout comme la locomotive a besoin de combustible pour se mouvoir et effectuer un travail ; mais ce n'est pas pour cela — qu'on le dise aux enfants ! — que nous ne devons manger que des sucreries ; le pain et les pommes de terre sont aussi des sources de sucre pour notre corps, car leur partie la plus importante, l' « amidon », ressemble au sucre, au point de vue chimique, et est en fait transformé en sucre par notre tube digestif. Mais nous avons encore besoin de protéines, que nous absorbons principalement sous forme de viande ; il en existe aussi, en quantité moindre, dans le pain, le lait, et dans beaucoup d'autres aliments, mais c'est le blanc de l'œuf de poule qui en contient le plus. Le corps de l'homme et de l'animal est formé en grande partie de protéines, et il ne peut se développer que si on lui en fournit dans son alimentation.

Ces deux sortes d'aliments sont nécessaires à nos abeilles aussi, et justement, leur distinction est rarement aussi nette que dans les deux seules espèces de nourriture que les abeilles récoltent et rapportent à la ruche : le *miel*, riche en sucre et ne contenant presque pas de protéines, fournit chaleur et énergie au corps de l'abeille, tandis que le *pollen*, par sa forte teneur en protéines, assure au jeune corps de l'abeille qui se développe, les matériaux indispensables.

Ces deux aliments, les abeilles les trouvent dans les fleurs, et lorsqu'elles s'affairent avec tant de zèle dans ces dernières, elles n'y cherchent rien d'autre. En hiver aussi, il y a des bouches affamées, mais pas de fleurs. C'est pour cette raison que, pendant les mois de printemps et d'été, aussi longtemps que tout fleurit et que la récolte est abondante, les abeilles accumulent des provisions de miel, qu'elles mettent en réserve et dont elles se nourriront pendant l'hiver. L'élevage des larves, dont les corps en croissance ont absolument besoin de protéines, ne se fera qu'au moment de la floraison, pendant les mois de printemps et d'été. Le pollen n'est donc pas mis en réserve en tant que provision d'hiver, mais seulement en prévision de semaines « maigres », pendant lesquelles ne peut être ramenée à la ruche la nourriture destinée au couvain.

CE QU'EST LE MIEL ET COMMENT LES ABEILLES LE RÉCOLTENT

Prenons une inflorescence de trèfle des prés, extrayons prudemment quelques-uns des fleurons qui s'y trouvent réunis, et mâchonnons-en les extrémités tubulaires : nous percevons clairement une saveur sucrée. Et si les abeilles ne sont pas venues y butiner, nous pourrons reconnaître au bout de chaque tube une fine gouttelette, claire comme de l'eau, et qui n'est d'ailleurs guère autre chose que de l'eau sucrée. La plupart des fleurs excrètent, dans leur profondeur, une telle liqueur sucrée ; les botanistes lui donnent le nom de nectar, et non sans raison. C'est en effet ainsi que s'appelait, chez les anciens Grecs, le breuvage des dieux, qui possédait un parfum merveilleux et qui rendait immortel. Le miel aussi a une incontestable bonne odeur, et s'il ne rend pas immortel, il n'en existe pas moins beaucoup de vieux apiculteurs qui — de même que bien des médecins — sont fermement convaincus qu'il est sain de manger du miel, et que celui-ci fait vivre plus longtemps. Comment cela se fait-il, et en est-il réellement ainsi ? C'est ce que la Science doit encore s'appliquer à établir de façon plus précise.

Dans bien des fleurs, les gouttelettes de nectar reposent librement au fond des creux formés par les pétales aplatis (fig. 11), où viennent se placer, outre les abeilles, des visiteurs, comme des mouches, des Coléoptères et toutes sortes d'autres insectes gourmands. D'autres fleurs, comme notre trèfle ou la fleur de *Thermopsis*, représentée sur la figure 12, sécrètent leur nectar au fond de longs tubes, où il n'est accessible qu'aux insectes que la nature a spécialement équipés dans ce but : autour de l'orifice buccal des abeilles, des bourdons et des papillons se dresse une trompe mobile et très sensible (cf. fig. 7, *T*, p. 10), grâce à laquelle ils peuvent sucer la liqueur sucrée enfouie au fond des tubes floraux.

Ce que nous avons dans l'estomac est digéré, incorporé à nos humeurs, et nous appartient incontestablement. L'estomac de l'abeille, ou jabot (cf. fig. 13, *J*), peut être comparé à un

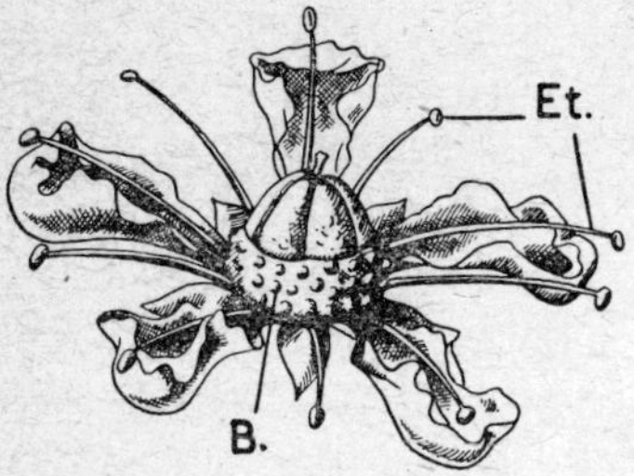

Fig. 11. — Fleur de « rue » (*Ruta graveolens*). Les gouttelettes de miel suintent sur le bourrelet annulaire (*B*) que l'on voit au milieu de la fleur. *Et* étamines. (Agrandi 3 fois.)

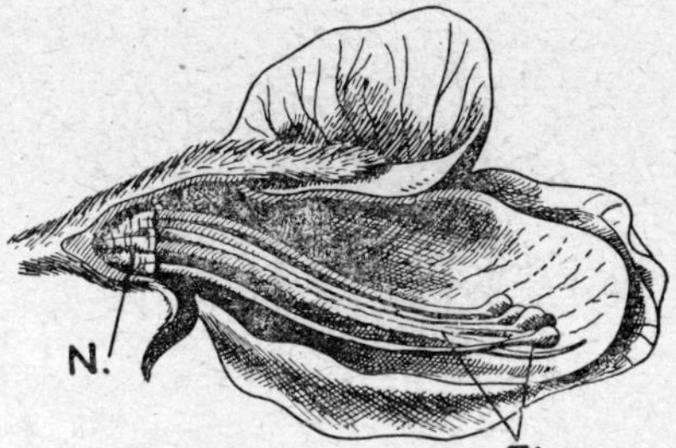

Fig. 12. — Fleur de *Thermopsis montana*, coupée longitudinalement. Le nectar (*N*) est sécrété à la base du profond tube floral. *Et* étamines. (Agrandi 2 fois.)

petit sac à provisions ; son contenu appartient à la famille entière, à toute la colonie. Lorsque les abeilles visitent les fleurs, les gouttelettes de nectar s'écoulent l'une après l'autre dans ce jabot, par leur trompe et leur long œsophage. Lorsqu'elle a faim, l'abeille entrouvre la soupape constituée par le court segment (fig. 13, *S*) qui relie le jabot à l'intestin qui lui fait suite ; seul ce qui a traversé ce segment est digéré et servira ainsi aux besoins de l'ouvrière. L'essentiel de ce que contient le jabot de l'abeille qui revient de butiner, sera régurgité et pourvoira aux besoins de la communauté.

Quand on dit que les abeilles récoltent du miel, ce n'est

pas tout à fait exact. Elles récoltent du nectar, et en font du miel. Le nectar qui vient d'être rapporté à la ruche est distribué à de nombreuses ouvrières, qui le régurgitent à plusieurs reprises sous forme de gouttelettes qu'elles gardent un instant devant leur bouche et exposent ainsi à l'air chaud de la ruche ; le résultat de cette manœuvre est qu'une grande partie de l'eau contenue dans le nectar s'évapore ;

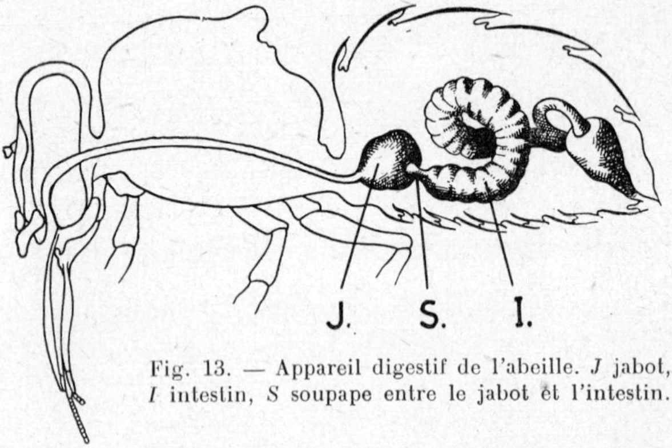

Fig. 13. — Appareil digestif de l'abeille. *J* jabot, *I* intestin, *S* soupape entre le jabot et l'intestin.

celui-ci est alors déposé dans des alvéoles ouverts, où il continuera de s'épaissir. C'est ainsi qu'en quelques jours le nectar si fluide est transformé en miel bien consistant. En outre, l'abeille y a ajouté un produit de sécrétion glandulaire, par l'entremise duquel une fraction du sucre du nectar est convertie en une forme plus aisément digestible, tout comme cela se passe dans notre propre intestin ; celui de l'abeille se trouve ainsi d'ores et déjà déchargé d'une partie du travail inhérent à la digestion. Il semble en outre que la valeur du miel en tant qu'aliment s'accroisse encore sous l'influence de traces impondérables de substances encore inconnues, provenant des fleurs ou du corps de l'abeille. Voilà donc comment les ouvrières préparent, à partir du suc des fleurs, le miel consistant que nous connaissons. Nous ne devons cependant pas oublier que tout son sucre provient du nectar et que son arôme n'est rien d'autre que celui du parfum des fleurs dont il émane, auquel vient s'ajouter l'odeur des abeilles et de la cire. Au fond, c'est donc aux fleurs qu'est imputable la production de ce précieux aliment. Mais c'est aux abeilles que nous devons l'épuration du miel, et le fait de le voir figurer à notre menu. En effet, aucun être humain n'aurait la patience de recueillir les gouttelettes de nectar qui se trouvent dans les fleurs. La quantité de nectar que l'abeille rapporte à la ruche, une fois sa récolte terminée, n'est pas bien grande, car les dimensions de son estomac à miel ne dépassent guère celles d'une tête d'épingle, et elle devrait le remplir et le vider quelque soixante fois pour avoir un dé à coudre de nectar. Et la gouttelette de nectar que contient une fleur isolée est encore beaucoup plus petite, à tel point que notre ouvrière doit visiter quelque 1 000 à 1 500 fleurs de trèfle pour remplir son estomac une seule fois. Le fait que malgré cela, à des époques propices, bien des colonies amassent plus d'un kilogramme de miel en *un* jour, donne une idée de l'activité qu'elles déploient. Le gourmet qui avale une cuiller de miel comme une simple cuiller de lait pourrait donc quelquefois songer à la somme de travail qu'elle représente.

LE POLLEN ET LES « PELOTES » DES ABEILLES

Dans les fleurs, il est plus facile de voir le pollen que les gouttelettes de nectar, souvent si bien dissimulées. En effet, les étamines nous le montrent. Ces dernières (cf. fig. 11 et 12, *Et*) qui, selon l'espèce végétale, sont présentes en plus ou moins grand nombre dans chaque fleur, surgissent du fond de la corolle sous forme de fils délicats dont l'extrémité libre présente un petit renflement semblable à un coussinet ; c'est à cet endroit que se forme le pollen, qui a, la plupart du temps, l'aspect d'une poudre jaunâtre, parfois blanchâtre ou rougeâtre, et souvent tellement abondante qu'il nous suffit d'effleurer les étamines du doigt pour que celui-ci en soit comme saupoudré. C'est là que les abeilles viennent chercher leur pollen.

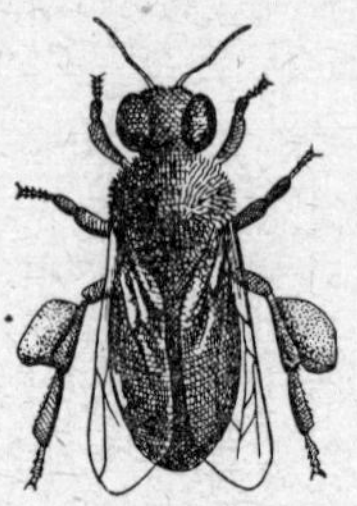

Fig. 14. — Ouvrière collectrice de pollen rentrant à la ruche avec des « culottes ». Aux pattes postérieures, les pelotes de pollen (d'après une photographie du Dr Leuenberger).

Ordinairement, les ouvrières qui s'en chargent ne sont pas les mêmes que celles qui récoltent le miel. La répartition des travaux est poussée ici aussi loin que dans une usine, disons une fabrique de chaussures où l'on emploie de nombreux cordonniers, qui ont tous des fonctions différentes ; l'un découpe le cuir, l'autre coud à la machine les différentes parties, un troisième enfonce les clous, et ainsi de suite; chacun s'enferme donc dans un domaine aux limites restreintes, et y acquiert une adresse toute particulière. De même, les tâches sont bien réparties dans l'atelier des abeilles, si bien même que parmi celles qui pourvoient aux approvisionnements, il en est qui ne s'occupent que de récolter du miel et d'autres du pollen, chacune s'y appliquant de tout son être. Et ce n'est pas chose facile, que la récolte du pollen ! Même un prestidigitateur accompli serait plein de respect devant l'agilité de ces petites pattes !

Lorsqu'elles recueillent le pollen, les abeilles ne l'avalent pas, comme elles le font pour le nectar, mais elles s'en font des « culottes », comme disent les apiculteurs, c'est-à-dire qu'elles le rassemblent en boules, collées à la face externe de leurs pattes postérieures, et qu'elles rentrent à la ruche chargées de ces pelotes que tout le monde a déjà pu remarquer (fig. 14). La récolte s'opère par des mouvements d'une rapidité si incroyable qu'il est à peine possible de les suivre avec les yeux. Il a fallu beaucoup de sagacité pour arriver à les débrouiller.

De bons instruments sont la condition essentielle à un bon travail, et les abeilles en sont pourvues dès leur naissance. La figure 15 montre la disposition de leurs pattes par rapport à leur corps. Comme toutes les pattes d'insectes, elles sont constituées de plusieurs parties articulées les unes avec les autres et dont seules les plus grandes nous intéressent : la cuisse (« fémur »), la jambe (« tibia ») et le pied (« tarse »),

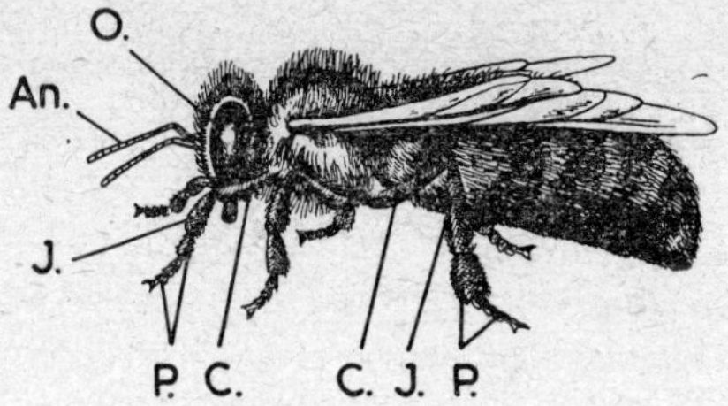

Fig. 15. — Abeille à miel (ouvrière). *O* œil, *An* antennes, *C* cuisse, *J* jambe, *P* pied (agrandi 3 1/2 fois).

lui-même formé de plusieurs articles. Aux pattes postérieures (fig. 16), qui jouent un rôle particulier dans la collecte du pollen, le premier article du tarse est fortement agrandi et élargi, et il porte à sa face interne une épaisse garniture de poils raides, la « brosse ». La jambe aussi a une conformation spéciale, en ce sens que, du côté externe, elle est frangée de longs poils qui circonscrivent un champ lisse, partiellement déprimé, la « corbeille ». C'est dans ces corbeilles que les boules de pollen sont amenées à la ruche. Quant à la façon dont elles parviennent dans ces petites cuvettes, la voici dans ses grandes lignes :

Chaque abeille qui veut s'envoler pour aller récolter du pollen commence par prendre dans la ruche un peu de miel, qu'elle garde dans le jabot. Arrivée sur des fleurs, elle s'installe sur les étamines, comme on peut si bien l'observer dans les grandes fleurs de pavot et d'églantiers, et se met à gratter adroitement avec ses mandibules et ses pattes antérieures le pollen libre, en même temps qu'elle l'humecte avec le miel dont elle s'est munie, pour le rendre collant.

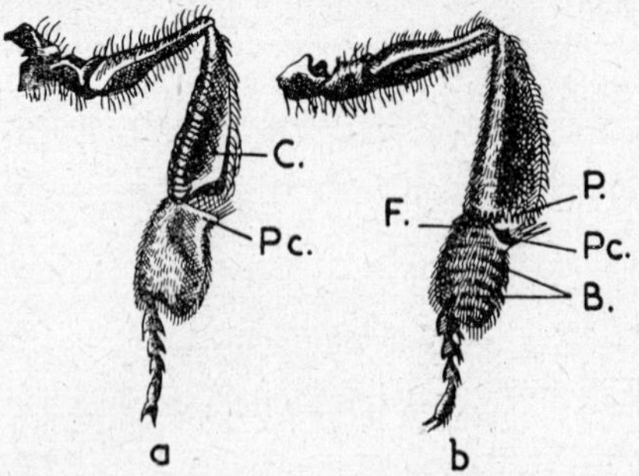

Fig. 16. — Patte postérieure d'une ouvrière : *a* vue de l'extérieur, *b* l'intérieur. Le premier article du tarse est fortement développé et porte à sa face interne la *brosse B*. Le pollen est enlevé de la brosse par le *peigne P* de l'autre patte postérieure. Une pression de la pince *tibio-tarsienne* (*Pc*) pousse alors le pollen depuis le peigne, à travers la fente *F*, jusque dans la corbeille *C* qui se trouve sur la face externe de la jambe. La corbeille est constituée d'une dépression entourée d'une bordure de poils, et c'est elle qui contient le pollen lors de son transport à la ruche.

Si le pollen est présent en grande quantité, il en reste accroché entre les poils de tout le corps de l'abeille, tandis qu'elle s'affaire dans la fleur, et l'on dirait parfois qu'elle est saupoudrée de farine. Pendant qu'elle vole vers la fleur suivante, ses pattes déploient une activité fébrile sous son abdomen : avec les brosses de ses pattes postérieures, elle balaie le pollen dont sa robe est couverte et celui de ses autres pattes ; puis, avec le peigne raide qu'elle possède à l'extrémité de la jambe (fig. 16, *b*, *P*), elle ramasse le pollen contenu dans la brosse de son autre patte, et cela alternativement à gauche et à droite ; mais le pollen ne reste suspendu au peigne qu'un instant, puis, sous l'effet d'une habile pression de la pince tibio-tarsienne (fig. 16, *a*, *Pc*), il est poussé au travers de la fente (*F*) vers l'autre côté, la face externe de la jambe, puis vers le haut jusque dans la corbeille. Grâce aux pressions de bas en haut qui se succèdent, la pelote s'accroît

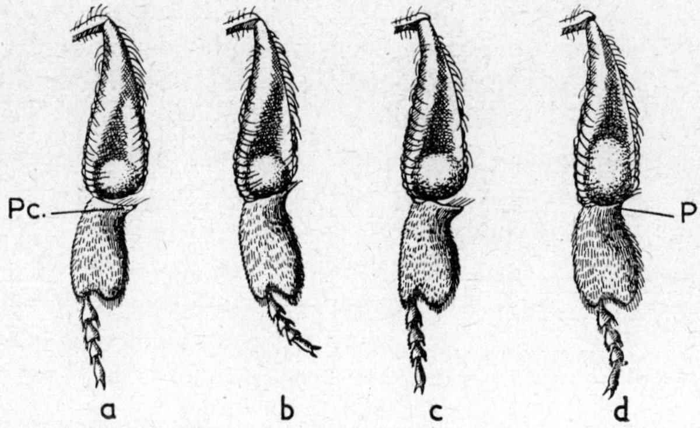

Fig. 17. — Patte postérieure d'une ouvrière collectrice de pollen : *a* au début, *d* vers la fin de sa récolte. Accroissement graduel de la pelote. En *b* et en *d*, une nouvelle charge de pollen est précisément poussée de bas en haut dans la corbeille, grâce à une pression de la pince tibio-tarsienne (*Pc*). (D'après Casteel.)

et est repoussée de plus en plus haut (fig. 17), jusqu'à ce qu'elle remplisse finalement la corbeille. De temps en temps, les pattes du milieu appuient et frappent de l'extérieur sur la pelote, pour qu'elle tienne bien et ne se perde pas.

Revenue à la ruche, l'ouvrière se défait de ses boules de pollen et les dépose dans un alvéole. Il n'y a jamais mélange des provisions de miel et de pollen : les deux sortes de nourriture sont mises en réserve dans des cellules distinctes, d'où elles seront enlevées en cas de nécessité.

CE QUE LES FLEURS ONT A GAGNER AU PILLAGE DES ABEILLES

Si les abeilles viennent prendre aux fleurs leur miel et leur pollen, on ne peut pas leur en vouloir ; et si les plantes leur offrent ces deux éléments nutritifs, il se fait qu'elles y trouvent leur intérêt.

Les grains de pollen sont les germes mâles des plantes à fleurs et correspondent aux spermatozoïdes des animaux. Les germes femelles, correspondant aux œufs des animaux, sont souvent — mais non toujours — produits par les mêmes fleurs que le pollen et reposent dans une protubérance du fond de la fleur, l'ovaire (fig. 18). Tout comme un œuf de poule ne peut se développer en un poussin que s'il a été fécondé par un coq, les germes femelles contenus dans l'ovaire ne peuvent donner naissance à des graines mûres, capables de se développer et de produire de jeunes plantes, qu'après leur union avec les germes mâles, les grains de pollen.

Pour que les graines soient fécondées, il faut qu'un peu de pollen parvienne sur le stigmate de la fleur (fig. 18, *Stg*), et donc que la plante soit « pollinisée ». De ce stigmate, le contenu des grains de pollen, accompagné des enveloppes de ceux-ci, descend par le style (*Stl*) vers l'ovaire, pour s'y unir aux germes femelles. S'il n'y a pas de pollen qui tombe sur le stigmate, il n'y aura pas de fruits. Mais ordinairement, la fleur ne peut pas répandre elle-même le pollen sur son stigmate, car elle n'est pas capable de bouger. D'ailleurs, il ne paraît pas avantageux du tout que le pollen parvienne sur le stigmate de la fleur dont il est issu, tout comme chez les animaux un élevage trop consanguin peut devenir nuisible. La descendance sera plus robuste si le pollen tombe sur *d'autres* fleurs de l'espèce considérée, condition qui se trouve favorisée par de nombreux moyens. Il arrive même fréquemment que les fleurs ne soient pas fécondables par le pollen qu'elles ont elles-mêmes produit, en sorte que l'autopollinisation demeure stérile.

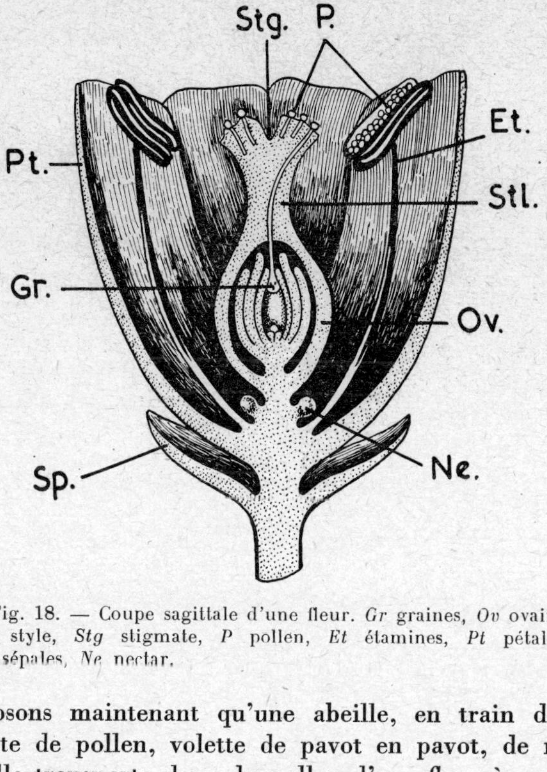

Fig. 18. — Coupe sagittale d'une fleur. *Gr* graines, *Ov* ovaire, *Stl* style, *Stg* stigmate, *P* pollen, *Et* étamines, *Pt* pétales, *Sp* sépales, *Ne* nectar.

Supposons maintenant qu'une abeille, en train de faire sa récolte de pollen, volette de pavot en pavot, de rose en rose ; elle transporte donc du pollen d'une fleur à une autre et, aussi enfarinée que le serait un garçon meunier, elle ne peut manquer de laisser tomber quelques grains de pollen sur le stigmate et de le féconder. De même, les ouvrières en quête de miel effleurent, elles aussi, étamines et stigmates, tandis qu'elles s'affairent au fond des fleurs pour en extraire le doux suc, et, inconsciemment, elles jouent donc le rôle d'agents de pollinisation. Avec quel succès ? C'est ce que

Fig. 19. — Influence des abeilles sur la fructification. De deux branches de poirier, l'une fut recouverte de gaze pendant la floraison, ce qui empêcha les abeilles d'y parvenir. Pas un seul fruit ne s'y développa alors qu'il y en eut 33 sur l'autre branche. (D'après Zander.)

la photographie (fig. 19) nous dit de façon beaucoup plus expressive que ne pourraient le faire des mots : au moment de la floraison, on a choisi deux branches de poirier portant chacune le même nombre de fleurs ; l'une fut enveloppée dans de la gaze, pour que les abeilles ne puissent en atteindre les fleurs. Trente-trois poires se développèrent à partir des fleurs du rameau accessible aux abeilles, alors que l'autre ne portait pas un seul fruit.

Il y a encore d'autres insectes capables de polliniser ; en effet, il suffit d'un beau jour de printemps pour voir se trémousser près des fleurs tout un monde multicolore de bourdons, de papillons, de coléoptères et de mouches. Ce sont cependant les abeilles qui viennent au premier rang des transporteurs de pollen, du fait de leur grand nombre et de leur ardeur au travail ; elles ne visent pas seulement à apaiser leur faim, mais aussi à constituer des provisions pour l'hiver. Leurs merveilleux outils les placent aussi au premier plan parce qu'ils leur permettent de visiter de nombreuses fleurs dont des insectes moins bien équipés ne peuvent tirer profit. S'il n'y avait pas d'abeilles, ce ne serait donc pas seulement nos arbres fruitiers qui ne porteraient pas ou peu de fruits, mais encore le trèfle et le sarrasin, les haricots et les concombres, les myrtilles et les airelles, d'innombrables fleurs des prés et autres végétaux.

Mais les fruits d'aujourd'hui sont les plantes de demain. La génération suivante se développe à partir des graines, et les plantes qui n'en produisent pas, ou trop peu, périssent. Du fait qu'elles sécrètent du nectar, les fleurs attirent les insectes ; ceux-ci y trouvent donc un appât et leur prennent aussi le pollen superflu. Ce ne sont cependant pas des pillards, car s'ils prennent, ils donnent aussi : ils réalisent la pollinisation, assurent le développement des graines et la conservation de l'espèce. Bel exemple d'action réciproque, d'autant plus admirable qu'aucune des deux parties ne sait ce qu'elle fait.

IV

LE COUVAIN

Le jeune poulet qui sort de l'œuf est un être qui, à bien des points de vue, n'a pas encore atteint son plein développement, mais cela n'empêche qu'en gros il ressemble à ses parents : comme eux, il possède déjà des ailes, des pattes et des yeux. L'œuf d'abeille, lui, donne naissance à un petit ver blanc sans la moindre ressemblance avec sa mère, sans tête ni yeux, sans ailes ni pattes.

Il en va de même chez d'autres insectes. En apercevant ces larves qui, à la grande frayeur de la ménagère, émergent d'un morceau de viande oublié et qui commence à s'altérer, ou d'un fromage trop vieux, on ne peut se rendre compte qu'elles se métamorphoseront en mouches peu après, et si nous ne savions, depuis notre enfance, que les chenilles deviennent des papillons, nous ne pourrions nous en douter, car leur aspect est totalement différent.

Si les oiseaux éclosent avec leurs ailes, si au contraire les insectes sortent de l'œuf sous forme de larves vermiculaires et aptères, il y a de bonnes raisons pour cela. Les insectes n'ont pas d'os à l'intérieur de leur corps mais, en compensation, ils possèdent une solide cuirasse cutanée. Chez les larves, cette dernière est encore relativement tendre, mais quiconque a déjà eu en main un scarabée sait combien il est dur au toucher. Lors de la croissance, cette cuirasse tombe de temps en temps ; l'animal « mue », et en quelques heures il grandit un peu, pour se construire alors une nouvelle carapace plus ample. Cette mue n'est d'ailleurs pas une petite affaire, car le contenu vivant doit être extrait sans dommage de la cuirasse qui l'enferme. Dans le cas des larges ailes aplaties d'une abeille ou d'un papillon, ce processus présenterait des difficultés insurmontables. Aussi, pendant la durée de leur croissance, les insectes n'ont-ils pas d'ailes, ou celles-ci ne sont-elles présentes que sous forme de courts moignons. Lorsque sa croissance est terminée, la larve d'abeille ou la chenille devient nymphe. Cette dernière forme apparaît comme une phase de repos, vue de l'extérieur, mais elle est en fait une phase d'active transformation et de réorganisation interne, qui dure jusqu'à ce que la nymphe se débarrasse elle aussi de sa carapace et que cette ultime mue donne naissance à l'insecte pourvu d'ailes. Celui-ci ne peut plus se développer, ne pouvant plus muer. C'est commettre une erreur profonde, et très répandue, que de prendre un petit coléoptère pour un jeune animal : un jeune coléoptère est un ver jaune ou une larve blanchâtre.

Mais revenons-en aux abeilles. Si, à la saison propice, nous cherchons la reine d'une ruche d'observation convenablement aménagée, nous la trouverons d'habitude occupée à se promener lentement, presque majestueusement sur les rayons et à y déposer ses œufs. Au printemps, une reine féconde peut pondre environ 1 500 œufs en 24 heures, c'est-à-dire qu'en moyenne, jour et nuit, elle en pond un par minute. En fait, elle a ses moments de repos, mais pondra d'autant plus vite entre ceux-ci. Notons que les œufs d'abeilles ne sont relativement pas tellement petits : les 1 500 œufs pondus en un jour ont un poids global qui équivaut à celui de la reine entière. On se rend compte par là de la vitesse à laquelle les œufs doivent se développer dans l'abdomen de la mère, et l'on comprend qu'il ne faille pas demander à celle-ci de faire autre chose.

Lors de la ponte, la reine procède comme suit : en premier lieu, elle introduit la tête dans un alvéole pour s'assurer

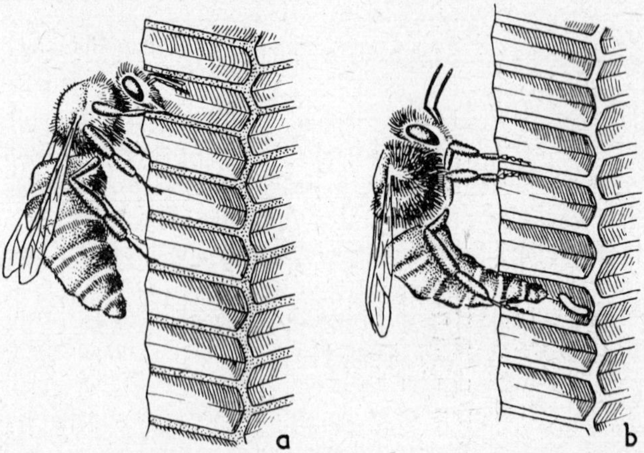

Fig. 20. — La reine lors de la ponte : *a* elle examine une cellule pour voir si elle convient à la réception d'un œuf ; *b* elle vient de déposer son œuf allongé au fond de l'alvéole, dont elle est maintenant sur le point de retirer son abdomen.

qu'il est vide et convient à la réception d'un œuf (fig. 20, *a*). Si c'est bien le cas, elle enfonce l'extrémité de son abdomen dans cette cellule (fig. 20, *b*), reste quelques secondes tranquille, et quand elle se dégage on peut voir l'œuf allongé au fond de la cellule. Entre-temps, la reine s'est déjà mise à la recherche d'une cellule pour l'œuf suivant.

Il ne faut pas s'imaginer qu'elle se promène de la sorte indifféremment sur tous les rayons, déposant un œuf par-ci par-là. Ce serait d'ailleurs très regrettable pour l'apiculteur, car il anéantirait une partie du couvain chaque fois qu'il enlèverait un rayon de miel, et l'acheteur d'un tel rayon ferait une longue figure en le trouvant truffé de larves blanches. Au contraire, ici encore il règne un ordre bien défini, en ce sens que la reine ne garnit d'œufs que les rayons antérieurs et moyens de la ruche, et encore rien qu'en

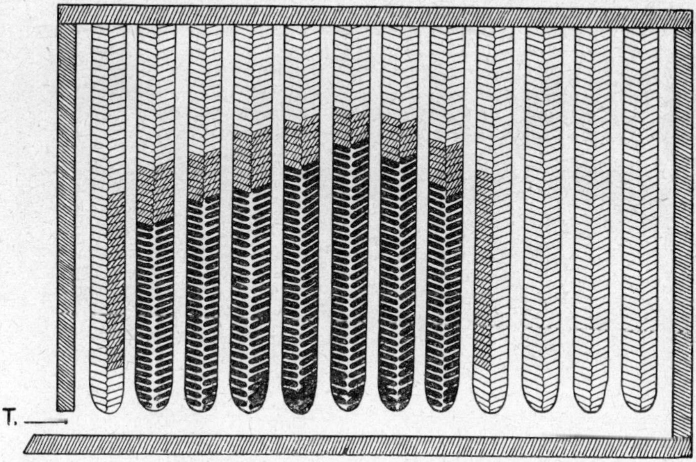

Fig. 21. — Coupe longitudinale à travers l'ensemble des rayons d'une ruche, visant à montrer la disposition et l'étendue du nid du couvain ; en noir, les cellules qui contiennent le couvain ; en hachuré, celles qui sont remplies de pollen ; en blanc, les cellules à miel. *T* trou de vol.

leur milieu et non vers les bords. Ainsi se forme le « nid du couvain », dont le croquis ci-dessus donne l'étendue approximative dans la ruche, lorsque la progéniture est abondante. Les cellules en noir contiennent les œufs et les larves. Si nous soulevons un tel rayon, nous trouverons donc son centre et sa partie inférieure garnis de couvain (fig. 22, 23). Dans les cellules avoisinantes, les ouvrières entreposent du pollen, et la zone du couvain est donc entourée habituellement d'une couronne de cellules à pollen (pointillées dans la figure 21, désignées par *P* dans la figure 22). Le miel (alvéoles en blanc de la fig. 21) est mis en dépôt dans les parties périphériques des rayons où se trouve le couvain et dans la totalité de ceux qui ne contiennent pas de larves, ou encore

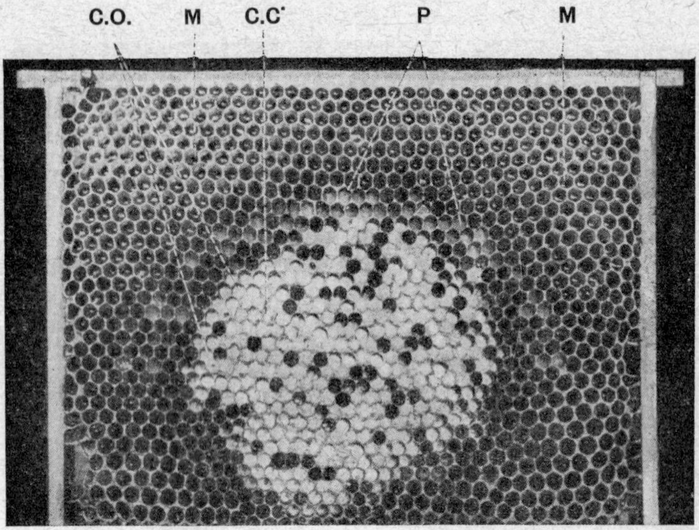

Fig. 22. — Rayon à couvain ; *c. o.* couvain « ouvert » non operculé, *c. c.* couvain « couvert » (operculé) ; *P* pollen ; *M* miel.

dans les « hausses » utilisées dans beaucoup de ruches. Ce sont les rayons remplis uniquement de miel que l'apiculteur peut soustraire aux abeilles, lors de sa récolte. Il ne peut cependant pas les leur enlever tous ; il doit évaluer les provisions d'hiver dont la colonie aura besoin, et il ne profitera que de l'excédent.

Trois jours après la ponte, la petite larve blanche se glisse hors de l'œuf (fig. 23). Aussitôt, elle est ravitaillée dans son alvéole par les ouvrières et fait montre d'un tel appétit qu'il ne lui faut que six jours pour parfaire sa croissance. La

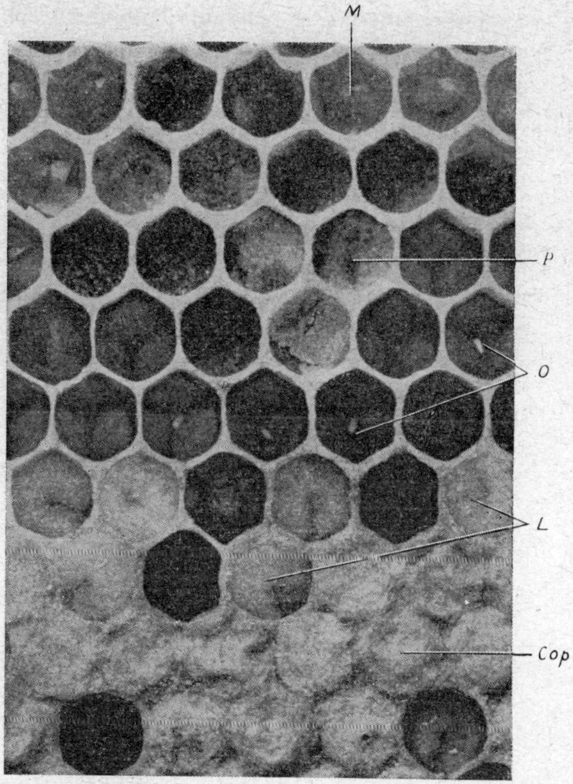

Fig. 23. — Vue partielle du bord d'un nid à couvain. *L* larves. *M* miel. *O* œufs. *Cop* couvain operculé. (Photo E. SCHUMMACHER.)

fig. 24 montre, en en respectant fidèlement les proportions, les contours de l'œuf et ceux d'une larve âgée de six jours. Le poids de celle-ci, au bout de ces 6 jours, vaut plus de

Fig. 24. — *a* œuf d'abeille, *b* larve d'abeille 6 jours après sa sortie de l'œuf. Les deux images sont agrandies 2 fois.

500 fois celui de l'œuf. En transposant à l'homme, cela voudrait dire qu'après six jours un nouveau-né pèserait 16 quintaux ! Vient alors la phase de repos apparent, pendant laquelle s'achève la métamorphose de la larve en une abeille adulte. Les ouvrières se mettent à présent à construire au-dessus de l'alvéole un mince petit couvercle bombé, en cire, et comme si la larve voulait insister de son côté sur son besoin de repos absolu, elle se met à tisser du dedans, sous ce couvercle de cire, une trame serrée qui correspond au cocon que beaucoup de chenilles se confectionnent avant leur transformation en chrysalides. Par opposition au « couvain non operculé » en train de croître, les apiculteurs désignent ce stade-ci du nom de « couvain operculé » (fig. 22, p. 32). Dans l'alvéole fermé, la larve devient donc nymphe (fig. 25), et 12 jours après le début de la phase de repos, exactement 3 semaines après la ponte de l'œuf, l'opercule de cire est rompu et l'abeille complètement développée, munie d'ailes, sort de l'alvéole (fig. 26).

Fig. 25. — Rayon à couvain operculé, coupé longitudinalement, afin de montrer la nymphe qui y repose. (Photo E. Schuhmacher.)

Comme la reine pond du début du printemps à la fin de l'automne, on trouve du couvain à tous les stades, de façon ininterrompue depuis les premiers jours de mars jusque souvent en plein mois d'octobre. Pendant les mois d'été, plus de 1 000 jeunes ouvrières éclosent chaque jour, et le chiffre quotidien d'abeilles qui disparaissent est certainement aussi grand, soit que celles-ci parviennent au terme naturel de leur existence, soit qu'il leur arrive prématurément un accident en allant butiner. Les cellules d'où de jeunes abeilles

Fig. 26. — Abeilles en train d'éclore.

sont sorties, bien vite sont à nouveau garnies d'œufs par la reine.

Les soins que les ouvrières prodiguent au couvain ne s'étendent pas qu'aux 6 jours de la croissance durant lesquels il faut nourrir la larve. Depuis la ponte de l'œuf jusqu'à l'éclosion de l'abeille, le couvain a besoin de soins, car pour se développer normalement il lui faut une température constante de 35°C, que les ouvrières lui assurent sur place, avec une exactitude et une fixité rigoureuses. Une petite digression va nous faire comprendre ce que cela signifie.

Jour et nuit, hiver comme été, le corps humain conserve,

sans tenir compte de variations insignifiantes, sa température normale de 37°C, dont dépendent tous les processus vitaux. Ce maintien de notre température n'est possible que grâce à une *régulation* permanente qui, par le jeu de mécanismes compliqués, prend soin de notre corps de manière bien précise, sans que nous le voulions et, la plupart du temps, sans que nous le sachions. Si la température de notre corps augmente, ne fût-ce que d'une fraction de degré au-dessus de la normale, le sang afflue vers la peau, afin d'accroître la déperdition de chaleur — d'où la rougeur de notre face quand nous avons chaud —, la production de chaleur par notre corps est réduite au minimum, et nous nous mettons à transpirer ; évaporer la sueur consomme de la chaleur et notre corps se refroidit. Si, au contraire, la température du corps est trop basse, la déperdition de chaleur se fait moins forte, grâce à une répartition différente de la masse sanguine, tandis qu'augmente le taux de combustion de graisse et de sucre, réserves calorifiques de l'organisme, ce qui accroît la quantité de chaleur produite. Si nous commençons à frissonner, c'est tout simplement que nos muscles se mettent à bouger sans que nous le voulions, pour produire de la chaleur.

Il n'y a toutefois que peu d'animaux qui possèdent la faculté de régler leur température : les mammifères (dont l'homme) et les oiseaux. Lorsqu'un lézard est au soleil, son sang est chaud, et il fait preuve d'une grande vitalité, mais dans la fraîcheur du soir la température de son sang tombe, il s'engourdit et ne bouge plus. Les insectes sont aussi des animaux « poecilothermes », qui subissent l'influence des brusques sautes de température du milieu. Ceci vaut pour les papillons, les coléoptères et les mouches, mais aussi pour l'abeille, qui, lorsqu'elle s'envole pour aller butiner dans un endroit assez froid, ne pouvant compter que sur elle-même, ne peut éviter les déperditions de chaleur ; dès une température de

8 ou 10°C, comme celle qui règne parfois lorsque le soir la surprend, elle s'ankylose et ne bouge plus. La température constante d'à peu près 35°C qui règne dans le nid du couvain n'en est que plus surprenante. Les ouvrières s'installent par milliers sur les rayons, et la chaleur globale qu'elles produisent ainsi en devient appréciable. Lorsqu'il fait froid, nous les voyons se rassembler en masse sur les rayons à couvain, et en couvrir les alvéoles de leurs corps comme d'un lit de plumes. Par les grandes chaleurs, la compagnie se disloque ; si la température augmente malgré cela, les ouvrières rapportent de l'eau à la ruche — car elles ne peuvent pas transpirer —, elles tendent une délicate pellicule aqueuse au-dessus des rayons et favorisent son évaporation en faisant vibrer leurs ailes. Elles sont là, comme de petits ventilateurs vivants, réparties au-dessus du rayon et chassant vers le trou de vol l'air surchauffé. Un sens très sûr du degré de chaleur, que nous sommes loin de posséder à ce point, et une collaboration rigoureusement organisée, sont les conditions indispensables à cette admirable réalisation.

Jusqu'ici, nous n'avons fait que parler du couvain d'une manière très générale, sans tenir compte du fait que les trois types d'abeilles que nous avons trouvés dans la colonie — reine, faux bourdons et ouvrières — doivent en provenir. En fait, les indications données plus haut concernant la période de développement ne valent que pour les ouvrières. Le temps qui s'écoule entre la ponte et l'éclosion dure 5 jours de moins pour la reine, 3 jours de plus pour les faux bourdons.

Ce sont les ouvrières nourrices qui décident si un œuf engendrera une ouvrière ou une reine.

Elles élèvent les œufs destinés à leur ressembler dans les alvéoles à couvain ordinaires et étroits. Pour les quelques larves qui doivent devenir des reines elles bâtissent des alvéoles beaucoup plus spacieux, les « berceaux de reines » (fig. 27). C'est cependant la nourriture qui sera déterminante pour la destinée de la larve femelle en développement. Pendant les premiers jours de leur vie, les larves d'ouvrières reçoivent du « suc nourricier », une sécrétion riche en substances nutritives produite par des glandes salivaires transformées, lesquelles remplissent ici le même rôle que les mamelles chez les mammifères. A un âge plus avancé, ces mêmes larves supportent une nourriture plus grossière et reçoivent un complément de pollen et de miel. La larve devant devenir reine est nourrie exclusivement de « suc nourricier » et cela en quantité surabondante. On est convaincu que les nourrices y ajoutent des traces d'une matière spéciale dont elles privent les larves ouvrières. Nous ne connaissons pas la nature de cette substance prodigieuse qui fait de la larve une reine.

Comme la reine des abeilles atteint un âge de quatre à cinq ans, alors que la vie des ouvrières se compte par semaines, au mieux par mois, maintes personnes pensent pouvoir prolonger leur vie en consommant du suc prélevé dans les berceaux des reines.

L'élevage artificiel de reines permet d'obtenir en quantité relativement importante cette « gelée royale » dont un procédé particulier assure la conservation. Le produit a été essayé dans des cliniques et maisons de repos et l'on entend çà et là parler de son action favorable sur les personnes ayant perdu leurs forces par suite de maladie grave ou atteintes de faiblesse sénile, d'artériosclérose et d'autres affections. C'est ainsi que la gelée royale peut s'obtenir aujourd'hui, certes à gros prix, au grand avantage des fabricants et vendeurs. Les opinions sont encore très partagées quant à savoir si cette gelée possède réellement un effet curatif particulier.

La reine et les ouvrières sont des abeilles femelles. C'est la reine qui décidera, en le pondant, si un œuf donnera une abeille femelle ou une abeille mâle (faux bourdon), suivant le procédé que voici.

Dans les premières semaines de sa vie, la reine, dans son « envol nuptial », s'unit à un mâle. Depuis ce moment, elle porte en son abdomen, dans une vésicule bien protégée, des

Fig. 27. — Fragment de rayon avec deux grandes cellules dans chacune desquelles une reine est élevée.

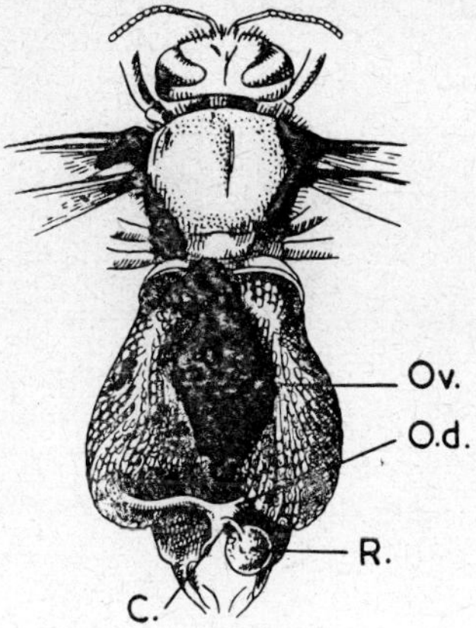

Fig. 28. — Reine, abdomen ouvert par le dessus : les ovaires sont légèrement écartés l'un de l'autre. *Ov* ovaires, *Od* oviductes (conduits excréteurs des ovaires), *R* réservoir de spermatozoïdes, *C* canal excréteur du réservoir des spermatozoïdes.

germes de ce mâle. Un mince canal relie cette vésicule au conduit par lequel tombent les œufs (cf. fig. 28). Grâce au jeu d'un mécanisme extrêmement précis, lorsqu'un œuf arrive au niveau de ce canal, la reine peut laisser parvenir quelques spermatozoïdes jusqu'à lui, et il y a fécondation. Si elle n'exécute pas cette manœuvre, l'œuf est pondu non fécondé. Les œufs qui n'ont pas été fécondés donneront des mâles, ceux qui le sont donneront des femelles (reine ou ouvrières).

Pourquoi le sexe dépend-il ainsi de la fécondation ? Nous ne le savons pas. Ce mode de détermination du sexe n'est en tout cas pas du tout général ; il ne se rencontre qu'exceptionnellement et presque exclusivement chez les abeilles.

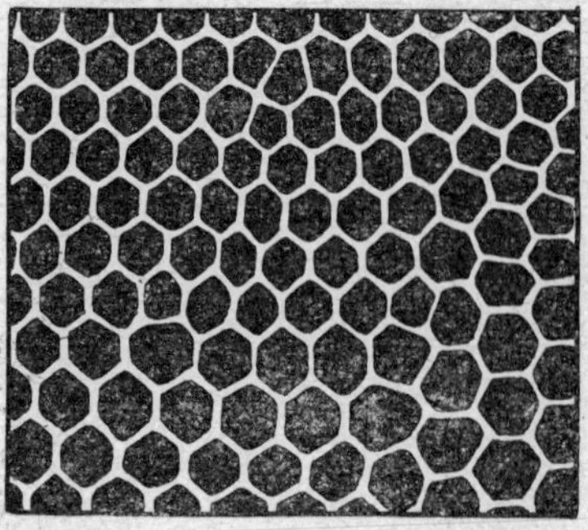

Fig. 29. — Fragment d'un rayon à couvain ; en haut, cellules destinées à l'élevage d'ouvrières ; en bas, les cellules de faux bourdons, plus grandes. (D'après une photographie du Dr Rösch.)

Il dépend donc de la reine qu'il y ait ou n'y ait pas de faux bourdons. Mais les ouvrières ont aussi leur rôle à jouer dans ce domaine : les faux bourdons sont plus grands qu'elles et elles doivent donc construire de plus grands alvéoles pour les élever. A part leur périmètre plus considérable, ces derniers ressemblent tout à fait aux alvéoles habituels, destinés à l'approvisionnement ou au couvain (cf. fig. 29). Il faut d'abord que ces cellules réservées aux faux bourdons soient préparées, puis la reine viendra y déposer des œufs non fécondés ; ici encore ce sont donc les ouvrières qui ont l'initiative, et la reine est en quelque sorte leur instrument.

V

L'ESSAIM

Le printemps, saison des fleurs et de l'abondant ravitaillement qu'elles procurent, est aussi la période où le couvain est le plus nombreux. Du fait du développement rapide des larves, la ponte infatigable de la reine conduit à une multiplication rapide des abeilles, donc à un renforcement de la colonie, mais pas immédiatement à une augmentation du nombre des colonies, car chacune d'entre elles forme, avec sa reine, un « état » fermé, dont le couvain ne fait qu'accroître le nombre des citoyens.

Il faut pourtant aussi que les colonies comme telles se multiplient. En effet, il n'est pas rare que l'une d'elles périsse à cause d'une maladie, d'une famine faisant suite à un mauvais été, ou de toute autre mauvaise fortune, et si de nouvelles colonies n'apparaissaient pas, il n'y aurait bientôt plus d'abeilles.

Une nouvelle ruche doit avoir une nouvelle reine ; ce n'est que lorsque cette dernière existe que la colonie peut se dédoubler, ce qui se produit par « l'essaimage » des abeilles.

Celui-ci se prépare dans le plus grand silence. Au mois de mai, d'habitude, les ouvrières aménagent quelques grandes cellules dans lesquelles elles élèvent les jeunes reines en les nourrissant de la façon particulière dont nous avons parlé. *Une* reine suffirait, la plupart du temps, mais il pourrait lui arriver malheur inopinément, et s'il est facile aux abeilles de se débarrasser de quelques reines superflues, il leur est impossible d'en remplacer une sur l'heure. La nature ne s'embarrasse pas de considérations d'ordre sentimental. Une demi-douzaine de reines ou même davantage seront donc élevées, dont la plupart sont d'ores et déjà condamnées.

La colonie essaime environ une semaine avant que n'éclose la jeune reine. C'est de nouveau des ouvrières que paraît en venir l'initiative. Depuis quelques jours déjà, leur activité s'était ralentie. Si la colonie est importante, elles gisent en grosses grappes devant le trou de vol de leur ruche. Tout d'un coup, comme à la suite d'une décision commune, elles entrent en ébullition, se précipitent à l'intérieur de la ruche, fondent sur les alvéoles de miel où elles se remplissent l'estomac. La moitié des abeilles sortent. Leur ventre plein leur servant d'éventuel viatique, elles se hâtent de franchir le trou de vol et s'élèvent peu à peu dans les airs en tourbillons frénétiques, décrivant des cercles dans une mêlée indescriptible, véritable nuée d'abeilles. L'ancienne reine quitte la ruche avec elles.

Tout d'abord, elles ne vont pas bien loin, et alors la reine les dirige. Elle se pose sur une branche d'arbre ou quelque chose d'analogue (fig. 30) et toute la nuée, vraisemblablement attirée par son odeur, se regroupe à cet endroit et se serre autour d'elle, formant une grappe compacte (fig. 31). C'est le moment où l'apiculteur vigilant peut introduire sans beaucoup d'efforts l'essaim dans une ruche vide et s'en assurer la possession. S'il laisse passer cet instant, ne fût-ce que de quelques heures, l'essaim est perdu pour lui, le plus souvent. En effet, tandis que ce dernier est paisiblement suspendu à sa branche, des émissaires (« éclaireuses ») sont à l'œuvre sans relâche, à la recherche d'un abri adéquat, arbre creux ou caisse vide d'un rucher souvent très éloigné. Elles viennent

S

Fig. 30. — Un essaim se rassemble autour de sa reine sur la branche d'un châtaignier. — *S*, l'essaim en train de se déposer. (Photogr. du Dr Rösch.)

alors mobiliser l'essaim, le font quitter l'endroit de repos provisoire qu'il occupait ; la grappe se désagrège, et c'est de nouveau sous forme de nuée que les abeilles se mettent en mouvement, guidées vers leur nouvel habitat par les éclaireuses — inutile de dire que cela se passe souvent au moment même où l'apiculteur a terminé ses préparatifs en vue de s'emparer de l'essaim...

La moitié des abeilles sont restées dans l'ancienne ruche.

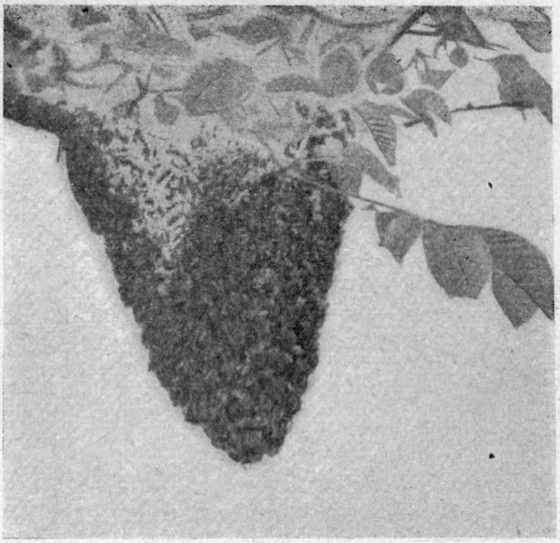

Fig. 31. — L'essaim, réuni autour de la reine, pend à une branche et forme une grappe. (D'après une photographie du Dr Rösch.)

Il leur manque un chef, mais seulement pendant quelques jours, jusqu'à ce qu'éclose la première des jeunes reines. Elle ne reprend pas immédiatement les activités de celle qui l'a précédée : née vierge, son vol nuptial doit avoir lieu, avant qu'elle puisse se mettre à pondre. En effet, nous savons qu'elle n'est pas fécondée à l'intérieur de la ruche ; dans les 15 jours qui suivent son éclosion, la plupart du temps, elle sort de la ruche, s'échappe dans les airs et s'accouple à un faux bourdon, très haut dans le ciel. Après cela, elle devient la vertueuse mère des abeilles et ne quittera plus jamais la ruche — à moins qu'elle ne soit détrônée par une nouvelle reine, l'année suivante, et ne se hâte de fuir la ruche avec un nouvel essaim.

Les choses se passent comme nous venons de le voir si la colonie ne donne naissance qu'à *un* essaim. Après l'éclosion de la première reine les cellules surnuméraires contenant de futures reines sont détruites avec leur contenu vivant par les ouvrières. Il peut cependant arriver que la nouvelle et jeune reine s'en aille former un essaim avec une autre fraction de la colonie. Si cela doit se produire, les ouvrières laissent en vie les autres jeunes reines, après l'éclosion de la première. Celles-ci ne quittent cependant pas leur alvéole, car la reine régnant dans la ruche n'en tolère aucune autre à ses côtés et fondrait immédiatement sur celle qu'elle apercevrait. Elles se bornent donc à tendre leur trompe par une étroite fissure de leur cellule et à se faire nourrir de la sorte par les ouvrières. Alors retentit dans la ruche un duo bien curieux. La reine en liberté fait entendre un « tuut », et celles qui sont enfermées émettent un son du même genre, qui, du fond de leur prison, donne un « couac, couac » assourdi. Les éleveurs disent que les prisonnières s'informent, et qu'aussi longtemps qu'elles reçoivent un « tuut » comme réponse, elles se gardent bien de sortir de leur retraite. Des observations récentes ont cependant montré que les abeilles ne sont pas à même de discerner des sons. Elles ne remarquent pas de différence entre les « tuut » et les « couac », et leur sens du toucher, pourtant si bien développé, ne leur permet de percevoir les sons qu'au voisinage immédiat du lieu où ceux-ci sont émis. Il semble que ce soit l'odeur de leur sœur aînée, et non son chant, qui prévienne l'éclosion prématurée des jeunes reines. Quoi qu'il en soit, elles se rendent compte dans leurs cellules du départ de leur rivale avec un nouvel essaim. A ce moment, elles sortent de leurs logettes, l'une devient reine de la colonie et les autres sont massacrées.

Parfois, d'autres essaims émigrent encore, et un nombre correspondant de reines entrent en fonction. En revanche, par suite de conditions atmosphériques défavorables ou d'une nourriture déficiente, une colonie peut s'abstenir complètement d'essaimer.

VI

LE MASSACRE DES FAUX BOURDONS

Déjà, avant d'aménager les premières cellules de reines, les ouvrières ont construit celles destinées aux faux bourdons ; les premiers d'entre eux éclosent à peu près au début du mois de mai, « voraces, gros, paresseux et bêtes » selon W. Busch. Ils ne prennent pas part à la récolte de la nourriture ; la nature ne les a d'ailleurs pas du tout équipés dans ce but. La plupart du temps, ils sont même trop nonchalants pour puiser eux-mêmes dans les provisions, et se laissent nourrir par les ouvrières. Leur cerveau est plus petit que celui des ouvrières ou de la reine, et dans ce cas, on ne peut douter de l'infériorité intellectuelle du sexe masculin... La seule raison d'être des faux bourdons, c'est la fécondation de la reine, et bien qu'un seul l'accomplisse, une colonie en produit de nombreuses centaines, dont la plupart manquent le but de leur vie — exemple de la prodigalité injustifiée de la nature.

La fécondation a lieu dans les airs, aussi les faux bourdons prennent-ils leur envol, lorsqu'il fait beau, à la recherche d'une reine qui accomplit son vol nuptial. Il arrive souvent qu'ils ne retrouvent plus leur ruche et aillent en parasiter une autre, la meilleure qu'ils peuvent trouver, où on les accepte tant qu'il peut y avoir des essaims. Mais lorsqu'est passé le temps des jeunes reines, lorsqu'est franchi le cœur de l'été et que le flot des ressources dispensées par les fleurs commence à se tarir, l'attitude des ouvrières à l'égard de leurs gros commensaux devenus superflus change du tout au tout. Eux qu'elles avaient jusqu'alors nourris et soignés, elles se mettent à les tirailler et à les mordre, les pincent de leurs solides mandibules là où elles peuvent se saisir d'eux, les attrapent par les antennes ou les pattes, s'efforçant de les arracher des rayons et de les faire sortir de la ruche. On ne peut être plus significatif ! Mais les faux bourdons, incapables de pourvoir eux-mêmes à leur alimentation, sont à la merci de la faim, une fois expulsés de la ruche. C'est pourquoi ils s'efforcent opiniâtrement de s'y glisser à nouveau, pour y être accueillis à coups de morsures, même de piqûres venimeuses, par les ouvrières auxquelles ils s'abandonnent sans défense ; car ils n'ont ni dard, ni une once d'esprit chevaleresque. Et un jour d'été, bannis et affamés, sinon transpercés, ils connaissent une fin sans gloire aux portes de la ruche. C'est cela le « massacre des faux bourdons ». Pas d'attaque brusquée, pas de Saint-Barthélemy comme les poètes des abeilles se plaisent à les décrire, mais bien une hostilité des ouvrières qui s'installe peu à peu, se maintient pendant des semaines et s'amplifie jusqu'à ce que soit mort le dernier des faux bourdons.

A partir de cet instant, les abeilles femelles de la colonie restent entre elles jusqu'au printemps suivant et jouissent d'une quiétude que rien ne vient troubler.

VII

LA DIVISION DU TRAVAIL DANS LA COLONIE

Nous avons déjà brièvement fait allusion à la division du travail que l'on peut observer dans la colonie d'abeilles. Les unes veillent à la propreté de la ruche, d'autres prennent soin du couvain, d'autres encore construisent les rayons ou apportent à la ruche la nourriture indispensable. On est tenté de faire le rapprochement avec ce qui se passe chez l'homme, et l'on pense à des femmes de ménage et des bonnes d'enfants, à des architectes et des agriculteurs ; il existe cependant une différence fondamentale au point de vue de la division du travail, ici : chez nous, celui qui se décide à exercer un métier le garde généralement jusqu'à la fin de sa vie. Les abeilles ouvrières, elles, changent d'activité au fur et à mesure qu'elles avancent en âge.

Pour étudier ceci en détail et pour suivre le cours de l'existence d'individus bien déterminés, noyés dans la masse de leurs congénères, il nous faudra, outre une bonne dose de patience, recourir à certains artifices techniques.

LA RUCHE D'OBSERVATION ET LE NUMÉROTAGE DES ABEILLES

La ruche habituelle est une caisse obscure. Si l'on veut en observer les habitants, il faudra recourir à une ruche

Fig. 32. — Ruche d'observation, après l'enlèvement du volet latéral. On voit à travers la vitre les cadres juxtaposés. Les abeilles peuvent passer sans obstacle d'un cadre à l'autre sous les baguettes séparant les vitres.

d'observation, dont les rayons ne se trouvent pas l'un derrière l'autre, comme c'est généralement le cas (cf. fig. 5, p. 8), mais bien les uns à côté des autres, ce qui fait que, grâce à des fenêtres garnies de vitres, on peut suivre les abeilles des yeux dans tous leurs déplacements (fig. 32). Il nous faut ensuite faire une marque distinctive aux animaux que nous voulons suivre tout au long de leur existence, et pour cela, le mieux est de les *numéroter*. Nous le ferons à l'aide de couleurs de peintre, délayées dans une solution alcoolique de laque. Une tache blanche sur le bord *antérieur* du dos de l'abeille signifie 1, une rouge au même endroit 2, une bleue 3, une jaune 4, une verte 5. Les mêmes couleurs au bord *postérieur* du thorax signifieront : blanc 6, rouge 7, bleu 8, jaune 9, vert 0. En juxtaposant deux taches, nous pourrons former des nombres à deux chiffres : blanc à côté de rouge, au bord antérieur du thorax = 12, rouge devant à gauche et jaune derrière à droite = 29, etc... Les marques colorées sur l'arrière-train indiqueront les centaines — comme nous avons cinq couleurs, cela nous permettra d'aller jusqu'à 599, et si c'est nécessaire nous pourrons encore développer davantage ce système de chiffres. Celui-ci présente l'avantage qu'avec un peu d'habitude, on lit ces taches aussi facilement et aussi sûrement que des chiffres, et grâce à leurs couleurs éclatantes on arrive même à reconnaître d'assez loin une abeille en vol.

Nous allons exposer brièvement ce que l'on a découvert de cette façon, grâce à des observations qui s'étendent sur de nombreuses années.

L'ACTIVITÉ DES ABEILLES AUX DIFFÉRENTES PÉRIODES DE LEUR VIE

De l'éclosion jusqu'à la mort, on peut diviser en 3 parties la vie de l'ouvrière :

Au cours de la *première période* (du premier au dixième jour environ), elle mène ses activités en tant qu'*abeille domestique,* à l'intérieur de la ruche. On la voit s'introduire tête en avant dans des cellules que l'éclosion d'autres abeilles a rendues libres ; elle nettoie ces alvéoles et en façonne les parois internes au moyen de ses mandibules. On ne sait pas ce que signifie cette dernière manœuvre, mais il est établi que la reine ne pond pas d'œufs dans les cellules qui n'ont pas été préparées de la sorte. On note encore que les jeunes ouvrières se tiennent sur les alvéoles qui contiennent du couvain, pour les préserver d'un refroidissement, et qu'elles passent en outre beaucoup de temps à ne rien faire, en ce sens qu'elles restent tranquillement posées sur les rayons ou qu'elles déambulent nonchalamment sur ces derniers. Nous verrons plus loin que cette oisiveté a, elle aussi, son rôle à jouer dans la prospérité de la colonie.

Après quelques jours, nous voyons une glande, située dans la tête de l'abeille, subir un développement considérable, grâce à quoi l'ouvrière devient mûre pour la fonction principale de la première période de sa vie, c'est-à-dire l'activité qu'elle déploie en tant que « nourrice du couvain ». De même qu'un enfant nouveau-né ne supporte pas encore de nourriture lourde et qu'il tire du lait maternel, aisément digestible, tous les aliments qui lui sont nécessaires, les larves d'abeilles, pendant les premiers jours de leur vie, reçoivent des ouvrières qui sont chargées de les élever une sorte de lait maternel, un « suc nutritif » riche en protéines, produit par les glandes céphaliques dont nous parlions plus haut, et déposé pour les jeunes larves au fond de leurs alvéoles. Il s'agit en réalité de glandes salivaires qui, pour servir la communauté, se sont transformées en glandes nourricières. Leurs protéines proviennent des provisions de pollen de la ruche, que les « nourrices » absorbent et digèrent en grande quantité pour produire leur « lait maternel ». Les larves plus âgées, qui ont atteint une taille suffisante, supportent déjà un régime plus grossier et sont nourries, par les mêmes ouvrières, à l'aide de pollen et de miel.

Les soins à donner aux jeunes ne constituent certes pas une petite affaire ! Pour élever une seule larve, l'alvéole qui la contient est l'objet de 2 000 à 3 000 visites de la part des ouvrières auxquelles est dévolue cette mission. Si l'on additionne les temps qu'une de ces abeilles consacre à cette tâche, on voit que la durée de ses activités en tant que

« nourrice du couvain » suffit tout juste à faire se développer complètement deux à trois larves.

Vers la fin de cette période de sa vie, on peut voir l'abeille

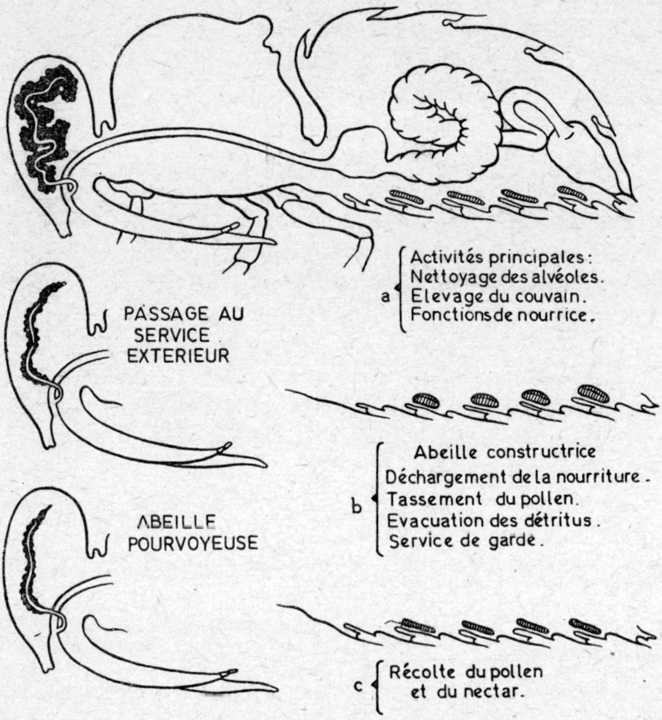

Fig. 33. — Schéma de la division du travail. *a* : abeille à la première période de sa vie ; glandes salivaires (dans la tête) au maximum de leur développement. *b* : à la deuxième période de la vie des abeilles, les glandes cirières (dans l'abdomen) se trouvent au maximum de leur développement. *c* : troisième période de sa vie, les glandes salivaires et cirières ont régressé.

quitter la ruche pour la première fois et faire prudemment de courtes sorties dans ses environs immédiats, gravant dans sa mémoire la situation de la ruche et de ce qui l'entoure.

Ces vols d'orientation s'étendent peu à peu et font progressivement connaître à l'abeille un monde de plus en plus vaste, la rendant à même d'assumer des fonctions qui n'ont plus exclusivement la ruche comme cadre.

Pendant la *seconde période de la vie des abeilles* (du dixième au vingtième jour environ), nous assistons à la régression des glandes salivaires et donc à la fin du rôle de « nourrice ». Ce sont maintenant les glandes cirières qui parviennent au point culminant de leur développement (cf. fig. 33). Ces glandes sont à la base de toute l'activité constructrice des ouvrières. D'autres fonctions incombent encore à celles-ci, à cet âge : décharger le nectar des pourvoyeuses qui rentrent à la ruche, le travailler et l'emmagasiner dans les alvéoles réservés à cet effet ; ou bien encore tasser au moyen de la tête et des mandibules les pelotes qu'y ont déposées leurs sœurs revenant de tournée. Il faut aussi que la ruche soit maintenue dans un constant état de propreté, travail qui conduit les ouvrières au dehors. En effet, elles empilent des déchets de toute espèce, de même que les cadavres de leurs camarades mortes, emportent en s'envolant quelques-uns de ces détritus, et les laissent tomber après avoir parcouru une certaine distance.

Bien des gens qui, en toute innocence, s'étaient approchés un peu trop d'une ruche, ont brusquement eu à subir plusieurs piqûres. Ils ne savent cependant pas que ce sont des abeilles d'un âge bien déterminé et strictement délimité qui les ont attaqués, accomplissant leur devoir selon des lois traditionnelles et non écrites ! A la fin de la seconde période de leur vie, et pour autant que la nécessité s'en fasse sentir, ces abeilles s'installent comme gardes devant le trou de vol. A l'aide de leurs antennes, elles examinent soigneusement les abeilles qui entrent dans la ruche, repoussent les guêpes audacieuses et autres voleurs de miel éventuels, et se précipitent à une vitesse foudroyante sur les hommes, chevaux ou autres monstres du même genre qui se hasarderaient trop près de leur colonie [1].

Au cours de la *troisième période de sa vie* (du vingtième jour environ jusqu'à sa mort), l'abeille est pourvoyeuse. Elle prend son envol afin de trouver une « charge », elle visite les fleurs pour y récolter du nectar ou du pollen. Lorsque le temps est mauvais et interdit les sorties, c'est contre leur gré et uniquement de façon accessoire que les pourvoyeuses se consacrent de nouveau à des activités domestiques. Elles préfèrent attendre des temps meilleurs. Le « zèle des abeilles » est devenu proverbial parce qu'on ne voit d'habitude que les abeilles qui *butinent*. Celui qui observe la vie qui se déroule *à l'intérieur de la ruche* s'apercevra bientôt de tout le temps que les ouvrières y passent à ne rien faire.

LA DURÉE DE VIE DES ABEILLES

Le lecteur pourrait s'attendre à ce que l'abeille qui est entrée dans la dernière période de sa vie ait devant elle de nombreuses semaines pendant lesquelles elle récoltera des

1. Le dard de l'abeille est pourvu de petits crochets qui l'empêchent d'être extrait de la peau après la piqûre ; il se sépare donc du reste du corps, retenant même l'extrémité de l'abdomen, qui y reste appendue. L'abeille ne survivra pas à ce traumatisme. Il ne s'agit pourtant pas d'une cruauté insensée de la nature, comme beaucoup pourraient le penser. Ce phénomène a même une signification bien nette : dans la partie de l'abdomen qui a été détachée du corps se trouvent le ganglion nerveux qui commande l'activité du dard et de la vésicule contenant le venin, ces deux structures restant en rapport l'une avec l'autre. Même isolé, ce dispositif garde donc toute sa vitalité. Si l'on ne retire pas immédiatement le dard de la peau, celui-ci injecte encore pendant tout un temps du venin dans la blessure et ce n'est d'ailleurs qu'ainsi qu'il pourra constituer une arme efficace contre des ennemis plus puissants. Comme la colonie d'abeilles comprend de très nombreux membres, la perte de quelques femelles stériles n'a guère d'importance. — Il est cependant beaucoup plus fréquent que le dard soit utilisé contre des abeilles ou d'autres *insectes*, et il sera facilement extrait de leur cuirasse de chitine, qui ne le retiendra pas comme le ferait la peau élastique des vertébrés. Un combat victorieux mené contre ses semblables n'aura donc pas de conséquences fâcheuses pour l'abeille.

provisions et butinera les fleurs. Mais la vie des abeilles est courte, et l'ouvrière qui commence sa carrière de pourvoyeuse a la plus grosse partie de son existence derrière elle. Au printemps et en été, les ouvrières dépassent rarement l'âge de quatre à cinq semaines, en comptant à partir de leur éclosion. Beaucoup périssent déjà avant cela, car elles sont exposées à de très nombreux dangers, lors de leurs sorties, et ce n'est pas sans raison profonde que cette période se situe au terme de leur activité.

Il en va tout autrement pour les abeilles qui éclosent à la fin de l'été ou en automne. Elles passent l'hiver, époque où il n'y a pas de couvain à élever, et atteignent donc un âge de plusieurs mois.

C'est la reine qui vit le plus longtemps, puisqu'elle s'acquitte de ses devoirs de mère pendant quatre ou cinq ans.

INTRUSION DANS LA VIE DES ABEILLES — TENTATIVE INFRUCTUEUSE EN VUE D'Y INTRODUIRE LE DÉSORDRE

Les changements d'activités observés chez l'ouvrière au cours de sa vie sont manifestement en rapport avec les modifications que subit son organisme. Elle fait office de nourrice lorsque ses glandes salivaires ont atteint leur plein développement, et dès qu'elles ont régressé et que s'est tari leur « lait », l'abeille se livre à d'autres occupations ; elle participe à la construction des rayons quand ses glandes à cire sont arrivées au maximum de leur croissance. Est-ce effectivement le développement passager et indiscutable de ses organes qui fait s'épanouir ses instincts ? L'ordre dans lequel ceux-ci se succèdent est-il irrévocable, même si la situation de la colonie pose de nouvelles exigences ?

Pour répondre à ces questions, on introduisit une petite colonie dans une ruche d'observation comprenant deux cadres, *A* et *B*, et deux trous de vol dont l'un fut d'abord laissé fermé (fig. 34, schéma supérieur). Au cours de huit semaines, on numérota plus de 1 000 abeilles fraîchement

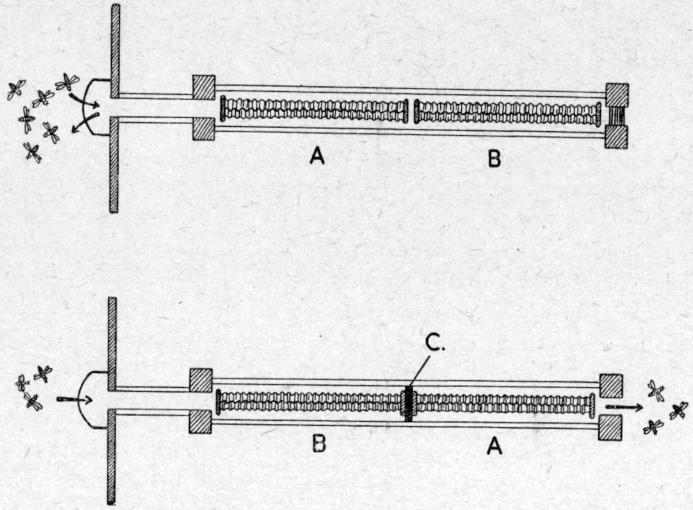

Fig. 34. — Ruche d'observation rotative, destinée à diviser une colonie d'abeilles en animaux jeunes et vieux (coupe horizontale passant par le trou de vol). En haut : avant la rotation, l'intérieur de la ruche n'est pas divisé en deux, un seul trou de vol est ouvert. En bas : on a fait subir à la ruche une rotation de 180°, et une cloison *C* en partage l'intérieur en deux compartiments ; toutes les abeilles ont été poussées vers *A* et le deuxième trou de vol est ouvert. Les jeunes abeilles restent en *A*, celles qui sont plus âgées quittent la ruche par la droite, y rentrent par la gauche comme elles avaient l'habitude de le faire avant, et arrivent donc en *B*. (D'après G. A. Rösch.)

écloses, dont on connaissait donc exactement l'âge. Un jour, toutes les abeilles de *B* furent transportées en *A*, on glissa une cloison C entre *A* et *B*, on tourna la ruche de 180° et on ouvrit le deuxième trou de vol, maintenu fermé jusqu'alors (fig. 34, schéma inférieur). Les jeunes abeilles, qui ne partaient pas encore butiner, restèrent évidemment en *A*, mais les plus âgées quittèrent la ruche au cours des heures ensoleillées qui suivirent, et lorsqu'elles revinrent, elles prirent le chemin qu'elles avaient l'habitude de suivre et arrivèrent donc en *B*. Ainsi s'opéra rapidement la séparation en une « jeune colonie », en *A*, et une « vieille », en B. La *jeune* ne comportait pas d'abeilles pourvoyeuses. Il n'y avait donc personne pour lui procurer de quoi se nourrir, et ses maigres provisions furent rapidement épuisées. Après deux jours, le tableau était lamentable : une partie des abeilles gisaient sur le sol, affamées, et une partie des larves avaient été, dans la panique, extraites des alvéoles et complètement sucées. Le troisième jour, changement surprenant : contre toute attente, de jeunes abeilles, âgées d'une à deux semaines, prennent leur envol, et reviennent à la ruche chargées de provisions. Comme leurs glandes salivaires étaient tout à fait développées, leur fonction aurait dû être l'élevage du couvain. Ce sont cependant les besoins de la colonie qui l'emportèrent, et non l'état fonctionnel de leur organisme. Leurs glandes s'adaptèrent à la situation et régressèrent en quelques jours. D'autre part, dans la *vieille colonie* on manquait de nourrices pour le couvain. Ce rôle échut aux abeilles encore relativement jeunes, et leurs glandes salivaires gardèrent un plein développement beaucoup plus longtemps que d'habitude.

Dans un autre cas, on parvint, par un intervention simple, à enlever à une colonie la majeure partie de ses constructrices. Puis on la transporta dans une ruche où il fallait construire des rayons de toute urgence. Et ils *furent* construits.

L'HARMONIE DU TRAVAIL

Dans les conditions normales, il sera exceptionnel d'avoir à faire face à une perturbation aussi brutale de la vie de la ruche, que celle qu'a provoquée notre expérience. Quoique dans une moindre mesure, les besoins de la colonie sont cependant très variables. Il y aura tantôt plus, tantôt moins de jeunes abeilles affamées à nourrir ; après une période de mauvais temps, il peut se faire qu'une riche récolte apparaisse tout d'un coup et que son exploitation requière un brusque accroissement du nombre des pourvoyeuses ; une riche moisson demande des alvéoles vides pour y être mise en dépôt, et c'est ainsi que d'un jour à l'autre peut se faire sentir la nécessité urgente de produire de la cire et de construire de nouveaux rayons.

La colonie d'abeilles s'adapte aisément aux exigences posées par ces fluctuations, grâce au fait que le développement des glandes salivaires et cirières, loin de suivre rigoureusement le schéma de la figure 33, fait montre d'une certaine souplesse. En dehors des abeilles pour lesquelles est normalement arrivé le moment de se livrer à un certain type d'activité, il y en aura toujours d'autres qui pourront se consacrer aux mêmes fonctions si la nécessité s'en fait sentir. Chez certaines ouvrières, ce seront les glandes céphaliques qui se développeront un peu plus tôt que de coutume, chez d'autres, ce seront les organes producteurs de cire, et leur tendance à faire ceci ou cela résultera moins de l'habituelle succession de leurs activités, que des besoins de l'heure. C'est aux « oisifs » — eux qui semblent se promener sans rime ni raison sur les rayons — qu'incombe la mission de se rendre compte de ce qui se passe. Ils examinent tout ce qui les entoure, introduisent leur tête dans l'un ou l'autre alvéole et voient les endroits où un surcroît de travail est nécessaire. Chez les abeilles, l'harmonie du travail existe donc en grande partie grâce aux paresseux. L'oisiveté peut être justifiée elle aussi — pour autant que l'on n'en fasse pas le principe de toute une vie !

VIII

L'ODORAT ET LE GOÛT

L'homme parle volontiers de ses « cinq sens », alors que depuis longtemps la science a démontré qu'en dehors de la vue, de l'ouïe, de l'odorat, du goût et du toucher, il en existe d'autres ayant aussi leurs organes particuliers, aussi bien adaptés que l'œil à la vue et le nez à l'odorat. C'est par exemple le sens de l'équilibre qui, même si nous avons les yeux fermés, nous indique où sont le haut et le bas, ou celui de la température, qui nous donne l'impression de chaud ou de froid, et qui a ses organes à lui dans notre peau ; ces deux sens sont nettement distincts de ce que nous appelons toucher ou sens tactile. Ils jouent cependant un rôle subalterne dans notre vie, n'ont été reconnus que relativement tard et ne sont pas encore devenus populaires jusqu'à présent.

Les cinq sens que tout le monde connaît n'ont d'ailleurs pas tous la même valeur. Celui qui a perdu la vue est sévèrement handicapé, et quelques minutes passées en compagnie d'un aveugle suffisent à nous montrer combien son infirmité le gêne. Par contre, nous pourrons fréquenter quelqu'un pendant des années sans nous apercevoir qu'il a complètement perdu le sens de l'odorat, tant cette perte modifie peu son existence. Chez nous, c'est précisément la vue qui constitue le sens le plus important. Mais chez beaucoup d'animaux, c'est l'odorat. Pour un chien ou pour un cheval, la perte de l'odorat est aussi catastrophique que l'est la cécité pour l'homme.

Chez l'abeille, la vue *et* l'odorat sont particulièrement importants. La première partie de sa vie se passe entièrement dans l'obscurité qui règne à l'intérieur de la ruche ; ici donc, sa vue ne lui sert à rien, et en dehors d'impressions tactiles, c'est surtout son odorat qui la guide dans tout ce qu'elle fait. Plus tard, c'est en pleine nature que s'exercera son activité, visant à récolter du miel et du pollen ; ce sera alors son sens visuel qui aura le rôle primordial. Sans yeux l'abeille se perdrait dans la campagne, car elle serait incapable de s'orienter.

LA SIGNIFICATION DU PARFUM DES FLEURS

Observons les abeilles en train de récolter du miel dans une prairie couverte de fleurs ; nous remarquerons quelque chose de bien curieux : une d'entre elles vole d'une fleur de trèfle à l'autre, sans prêter la moindre attention à aucune autre plante ; pendant ce temps, une autre va de myosotis en myosotis, sans se soucier ni du trèfle ni d'aucune autre fleur ; une troisième paraît s'intéresser au thym exclusivement. Si nous serrons la chose de plus près, nous pourrons constater qu'en règle générale une ouvrière donnée butine la même espèce de fleurs pendant plusieurs jours de suite ; les biologistes parlent de la « constance » de l'abeille. Ceci n'est vrai, bien entendu, que pour chaque ouvrière en particulier, et non pour toute la colonie, et pendant qu'un certain nombre d'abeilles vont butiner les fleurs de trèfle, d'autres, quoique appartenant à la même ruche, font du myosotis, du thym ou d'une fleur quelconque leur objectif.

Cette constance présente des avantages pour les abeilles comme pour les fleurs. Si elles restent fidèles à une espèce déterminée, les abeilles retrouvent partout les conditions avec lesquelles elles ont pu se familiariser. Il faut voir comme l'ouvrière qui aborde pour la première fois une fleur donnée met longtemps pour réussir à y introduire sa trompe et à y découvrir la goutte de nectar qui s'y cache, et l'agilité avec laquelle elle atteint son but après cinq ou six de ces tentatives ; on se rend compte, alors, du temps qu'elle économise en ne butinant que des fleurs d'une même espèce, tout comme quelqu'un qui répéterait de nombreuses fois la même opération la ferait avec de plus en plus d'adresse et de plus en plus vite. Mais cette manière d'agir revêt encore une plus grande signification pour les fleurs, car c'est d'elle que dépend leur pollinisation rapide et efficace ; en effet, du pollen de trèfle ne serait d'aucune utilité pour une fleur de thym.

Jusqu'ici, les choses sont claires et nettes. Cependant cette constance des abeilles donne encore à réfléchir. Comment font-elles pour trouver avec tant de sûreté dans une prairie les fleurs d'une même espèce ? Les reconnaissent-elles à leur couleur ? En partie certainement, mais il y a bien plus d'espèces de fleurs que de coloris floraux. Mais chaque espèce de fleur possède une *odeur* bien particulière, qui la caractérise. Il faut d'ailleurs que cette odeur constitue pour chaque sorte de fleur un repère et un signe distinctif excellents, pour que les abeilles puissent en tirer parti et s'en servir comme guide. Mais comment savoir si elles le font vraiment ?

DRESSAGE AU PARFUM

Pour interroger les abeilles, nous avons recours à un procédé qui s'est révélé d'une grande utilité dans l'exploration des organes des sens et de leurs activités, chez l'animal : *le dressage*. Au moyen d'une petite écuelle contenant du miel, attirons quelques abeilles vers une table d'expérience dressée en plein air ; nos ouvrières s'habituent vite à récolter ce délicieux appât et à le rapporter à la ruche. De même que pour les fleurs, ce sont toujours les mêmes pourvoyeuses qui reviennent à la source de butin qu'elles ont découverte. Cela nous donne la possibilité de faire encore autre chose.

Nous attirons nos abeilles grâce à une trace de miel que nous déposons dans une boîte en carton dont le couvercle est amovible et dans la paroi antérieure de laquelle est aménagé un trou de vol (fig. 35) ; plaçons à l'intérieur de cette boîte un petit pot avec de l'eau sucrée. Enlevons maintenant le miel et plaçons une fleur odorante, par exemple une rose, sur une planchette disposée au-dessus du trou de vol, à l'intérieur de la boîte (fig. 36). A côté de cette boîte, nous en installons d'autres qui sont vides, sans nourriture et sans rose. Pour que les abeilles, avec leur bonne mémoire des lieux, ne s'habituent pas à un endroit donné, déplaçons régulièrement la boîte contenant la rose, en lui en substituant une vide, de façon qu'elles apprennent à ne se fier qu'à l'odeur pour les diriger vers ce qu'il y a à manger. Apprendront-elles vraiment à le faire ?

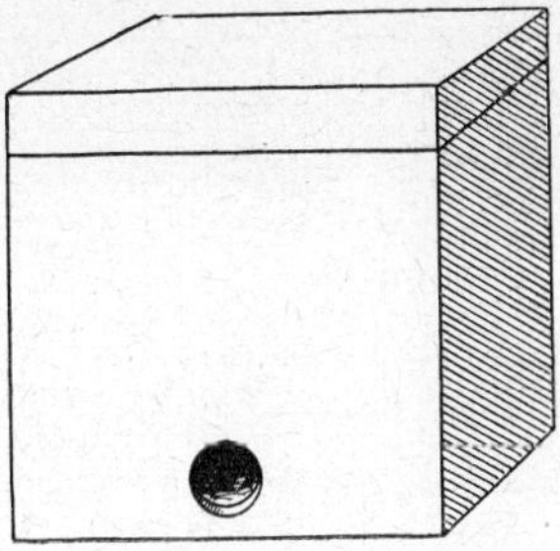

Fig. 35. — Boîte en carton, pour le dressage au parfum : vue antérieure.

Après quelques heures vient la phase cruciale de l'expérience. Nous installons uniquement des boîtes propres, n'ayant pas été souillées par des abeilles, et ayant toutes même aspect et même odeur. Dans l'une d'elles, nous plaçons une rose, mais rien à manger. Au bout de quelques secondes, le comportement des abeilles ne fait aucun doute : elles se dirigent l'une après l'autre vers le trou de vol de la boîte où se trouve la rose et s'y introduisent, alors qu'elles ne le font nulle part ailleurs. Elles nous prouvent donc qu'elles perçoivent le parfum de la rose et qu'elles s'en servent comme point de repère pour retrouver l'endroit où il y avait un appât.

Ceci n'a rien qui doive tellement nous surprendre. Nous

Fig. 36. — Boîte en carton. Couvercle relevé. Vue d'en arrière et d'en haut, vers la planchette et la rose.

pouvons cependant utiliser encore cette même méthode dans le but d'obtenir de plus amples informations sur la valeur du « nez » des abeilles. Eu égard à leur « constance » et au fait qu'elles reconnaissent les espèces florales, ce qui nous intéresse en premier lieu c'est de savoir jusqu'à quel point elles sont capables de faire la distinction entre des parfums. Pour cela, nous allons leur en présenter toute une série et voir si elles reconnaissent l'un d'eux, auquel nous les aurons préalablement dressées.

Il n'est cependant pas indiqué de travailler avec des fleurs, pour ce but. En effet, leur parfum est tantôt fort, tantôt faible, sa nature peut même varier de manière imprévisible après le moment où on les a cueillies ; on n'a d'ailleurs pas toujours sous la main le choix de fleurs nécessaire.

On a mis au point dans le Midi de la France un procédé ingénieux pour conserver le parfum des fleurs fraîches : à plusieurs reprises, on recouvre par exemple de fleurs de jasmin des étoffes de laine imbibées d'huile de paraffine pure et inodore, qui en absorbe le parfum ; celui-ci est alors extrait de la laine, mis en flacons et envoyé partout dans le monde, pour servir à la fabrication de divers produits de parfumerie. On enferme donc ainsi dans une bouteille contenant de l'huile le parfum du jasmin, de la rose, des fleurs d'oranger, et ainsi de suite, et il suffit d'en laisser tomber quelques gouttes sur la planchette qui est dans nos boîtes, pour imprégner celles-ci d'un parfum merveilleusement pur. Outre cela, les « essences » de l'industrie du parfum mettent à notre disposition la gamme infinie de leurs variétés.

Voyons maintenant un exemple : Nous dressons des abeilles au parfum d'une essence d'écorce d'orange. Puis nous installons un grand nombre de boîtes propres, après avoir mis dans *chacune* d'elles du parfum, mais dans une seule celui auquel nous avons habitué les abeilles, et dans les autres les parfums et essences les plus variés ; aucune d'entre elles ne contient quelque chose à manger. Que feront nos abeilles ?

Elles vont à tous les trous de vol et y introduisent leur nez, pour ainsi dire ; arrivées à la boîte qui contient le parfum du dressage, elles entrent dedans et se mettent à chercher de la nourriture, alors qu'elles s'étaient détournées de toutes celles par l'orifice desquelles leur parvenait une odeur différente. Elles ne se méprennent que dans les cas où celle-ci est — pour notre nez aussi — très semblable au parfum auquel on les a dressées ; ainsi, elles pourront confondre deux essences d'écorce d'orange dont l'une provient d'Espagne et l'autre de Messine. Un nez humain non expert ne les distinguerait plus qu'avec peine l'une de l'autre ! Dans ce domaine, l'entraînement joue certes un rôle important, comme on le constate chez les gens qui cultivent et exercent leur odorat pour leur profession. Un bon spécialiste en matière de parfums n'aura qu'à renifler les deux essences dont nous parlions pour n'avoir plus aucun doute quant à leur origine. Les abeilles sont presque aussi fortes : celles qu'on a dressées à l'essence sicilienne ne s'intéressent que très peu à l'essence d'origine espagnole.

Dans l'ensemble, il ressort de ces expériences et de bien d'autres que les abeilles gardent fidèlement en mémoire le parfum auquel on les dresse et qu'elles le distinguent sans hésitation, tout aussi bien que le font la plupart d'entre nous. Comme il est rare de rencontrer deux sortes de fleurs dont les parfums se ressemblent, la « constance » des ouvrières devient facile à comprendre.

Il y a encore un autre moyen de scruter la qualité de l'olfaction chez l'abeille : nous les dressons toujours à un certain parfum floral, que nous leur présentons à des dilutions de plus en plus grandes, jusqu'à ce que, en dépit d'un dressage très poussé, elles ne soient plus à même de retrouver la boîte parfumée parmi celles qui ne le sont pas. Puis nous pouvons faire des comparaisons avec ce qui se passe pour notre propre nez et établir une échelle d' « acuité olfactive » des abeilles, par rapport à l'homme. Pour les quelques parfums essayés jusqu'à présent, la comparaison révèle une correspondance dépassant toute attente. Le nez de l'abeille se trompe quand il s'agit à peu près de ces mêmes dilutions où le nôtre ne perçoit plus aucune odeur. Dans ce domaine, bien d'autres insectes, tout comme d'ailleurs le chien, le cerf et autres animaux « olfactifs », peuvent faire montre d'autres exploits !

Quels sont maintenant les rôles respectifs du parfum et

du coloris des fleurs, lorsque les abeilles partent butiner ? Pour chaque cas en particulier, cela dépend évidemment de l'intensité du parfum, de la nature et de la vivacité des couleurs. En général, on peut cependant dire que c'est le coloris qui, déjà de loin, attire les abeilles, et qu'une fois arrivées près des fleurs, leur parfum leur en confirme l'espèce.

C'est encore une expérience de dressage qui nous le fait clairement comprendre. Cette fois, conditionnons les abeilles

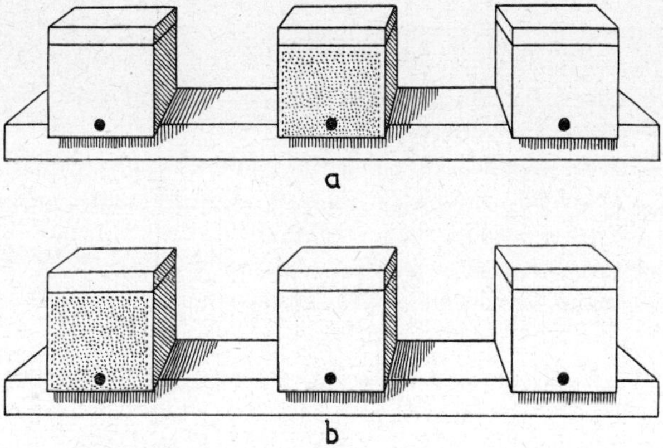

Fig. 37. — Dispositif de l'expérience expliquée dans le texte. La couleur bleue est représentée par le pointillé gris.

en même temps à un parfum et à une couleur, que nous leur présenterons séparément par la suite. Nous mettons par exemple quelque chose de sucré dans une boîte bleue qui sent le jasmin (fig. 37 *a*, boîte du milieu ; les deux autres ne sont ni bleues ni parfumées). Après dressage suffisant, nous mettons une boîte bleue, sans parfum, à gauche de la première, et une autre à droite, cette fois incolore mais répandant une odeur de jasmin (fig. 37 *b* ; ici la boîte initiale du milieu a été remplacée par une autre, ni bleue ni parfumée). Les abeilles qui viennent de déposer leur butin à leur ruche, s'élancent sans hésiter vers la boîte bleue. Arrivées devant l'orifice de celle-ci, elles s'arrêtent, interdites, ne retrouvant pas l'odeur de jasmin à laquelle elles sont habituées ; peu d'entre elles se glissent à l'intérieur. La plupart se mettent à chercher, à voltiger autour des boîtes ; celles qui passent à quelques centimètres de l'orifice d'où sort une odeur de jasmin, s'y introduisent après un instant, en dépit du fait que la boîte n'est pas bleue. On dirait donc que c'est le parfum qui a, des deux facteurs, la plus grande force de persuasion.

L'observation du comportement des abeilles dans les prairies confirme d'ailleurs cette manière de voir. On constate souvent qu'une ouvrière, en quête de fleurs d'une espèce, se laisse attirer par d'autres fleurs dont la couleur lui paraît la même ; arrivée tout près de celles-ci, leur parfum différent lui signale son erreur, elle s'immobilise un instant et s'en va, sans s'être posée, vers une nouvelle tache colorée qui lui fait signe.

OÙ SE TROUVE LE NEZ DES ABEILLES ?

On a rarement commis autant d'erreurs, en science, qu'en cherchant où était situé le nez des insectes. Et on ne comprend pas bien pourquoi. En effet, on sait depuis longtemps déjà qu'il existe une relation nette entre la conformation des *antennes* et le développement de l'odorat, chez les différentes espèces d'insectes, et que lorsqu'on leur arrache les antennes, ils ne réagissent plus aux odeurs.

Deux expériences simples effectuées sur des abeilles peuvent nous démontrer l'inexactitude de cette allégation.

Nous mettons sur un papier gris un petit pot avec de l'eau sucrée, et laissons une abeille venir y boire. Autour du récipient, on a laissé tomber quelques gouttes d'un parfum, disons de la menthe poivrée. A côté, trois autres papiers gris, tous trois avec un petit pot vide et quelques gouttes d'un autre parfum, par exemple du thym. C'est donc toujours là où il y a de l'essence de menthe poivrée que l'abeille trouve quelque chose à manger ; elle y est donc peu à peu conditionnée. Après un certain temps, nous faisons un essai,

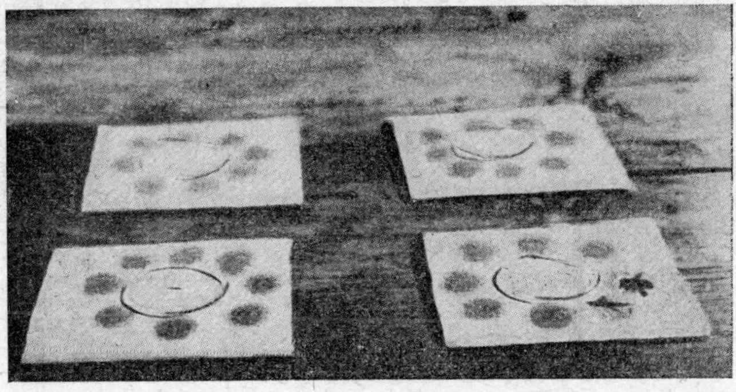

Fig. 38. — On a dressé une abeille au parfum d'une essence dont on a versé quelques gouttes sur une plaque, autour d'une écuelle contenant de l'eau sucrée. Après ablation de ses antennes, l'abeille n'est plus capable de faire la distinction entre l'emplacement où nous avons répandu le parfum et ceux qui ont une autre odeur. La figure montre justement l'abeille opérée qui plane au-dessus d'une des plaques. Elle vole ainsi de l'une à l'autre, essayant vainement d'en percevoir l'odeur.

pour vérifier si le dressage est suffisant : nous enlevons l'eau sucrée et disposons quatre plaques grises portant toutes des petits pots *vides* ; l'une d'elles reçoit quelques gouttes du parfum de dressage (menthe poivrée) et les trois autres autant de gouttes du « contre-parfum » (thym). L'abeille arrive, s'oriente d'après l'odeur, se pose sur la plaque avec de la menthe poivrée et se met à y chercher la nourriture. Répétons maintenant l'expérience après avoir arraché à l'abeille ses deux antennes. L'opération ne paraît pas fort l'impressionner ; les insectes ne semblent d'ailleurs pas du tout sensibles à la douleur. L'abeille recommence à chercher le récipient et l'eau sucrée, va de plaque en plaque, plane un moment au-dessus de chacune (fig. 38), mais n'est pas en état de reconnaître la menthe poivrée ; en fin de compte, elle se pose ici ou là, au hasard.

Son comportement ne donne pas du tout l'impression

Fig. 39. — Expérience de contrôle. Une abeille dressée à la couleur bleue vole encore directement vers elle après ablation de ses deux antennes, et cherche opiniâtrement dans l'écuelle vide, avec l'espoir d'y retrouver la nourriture habituelle, alors qu'elle ne prête pas la moindre attention aux écuelles vides qui se trouvent sur les 3 papiers jaunes voisins. L'aptitude réactionnelle de l'abeille n'a pas souffert de l'opération.

qu'elle a subi un choc grave. Nous pouvons d'ailleurs *prouver* par une deuxième expérience que l'ablation des antennes ne l'a rendue ni apathique, ni indifférente : nous donnons à manger à une abeille sur une surface bleue, avec, à côté, des pots vides sur des surfaces jaunes. Nous la dressons donc à la couleur bleue. Renouvelons l'expérience antérieure : l'abeille, privée de ses antennes, vole immédiatement vers la surface bleue, s'y pose et va au récipient vide, espérant y trouver à manger (fig. 39). La perte de ses antennes ne l'empêche donc nullement de réagir, mais lui enlève la faculté de se diriger d'après l'odeur. Les antennes sont les supports de l'organe de l'olfaction.

L'appareil olfactif des abeilles est bâti sur un autre modèle que le nôtre. Chez l'homme, l'organe de l'olfaction se trouve au fond des fosses nasales, dans la muqueuse desquelles prennent naissance d'innombrables filets nerveux. Cette muqueuse délicate est impressionnée par les odeurs que lui apporte l'air que nous inhalons. Les insectes n'ont pas de nez de ce genre. Les orifices par lesquels ils respirent ne sont pas situés sur la tête, mais en d'autres endroits de leur corps, ce qui les rend impropres à l'olfaction. En effet, la place qui convient le mieux à l'organe olfactif, en tant qu'organe des sens important et parfois primordial, est la partie antérieure de la tête. C'est elle qu'occupent les antennes, qui pointent vers l'avant (cf. fig. 15, p. 21, *An*). Le nerf olfactif s'y étire, venant du cerveau. Mais les filets nerveux ne peuvent pas, ici, se déployer simplement à la surface de l'antenne et entrer en contact avec les éléments odorants de l'air ambiant, comme cela se passe au niveau de la muqueuse nasale de l'homme. Nous savons en effet que toute la surface du corps de l'insecte — donc ses antennes aussi — est recouverte d'une solide cuirasse. Pour que les odeurs puissent parvenir jusqu'aux rameaux du nerf olfactif, il faut que la carapace des antennes soit percée

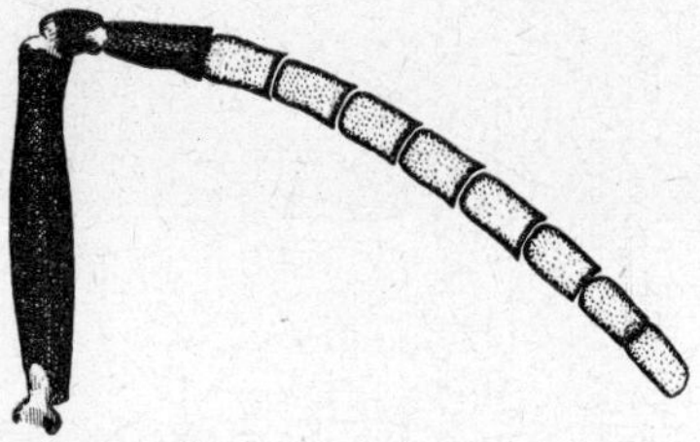

Fig. 40. — Une antenne d'abeille, agrandie environ 20 fois. Elle est formée de douze articles mobiles. (D'après une photographie du Dr LEUENBERGER.)

d'innombrables canalicules ; ceux-ci ne sont visibles qu'au fort grossissement du microscope, parsemant la surface de l'antenne d'une infinité de points clairs. La figure 40 montre l'aspect d'une antenne d'abeille grossie quelque 20 fois, la figure 41 celui d'un seul de ses articles, à un grossissement encore plus considérable. Si l'on coupe cet article verticalement — opération qui nécessite évidemment, vu la petitesse de la pièce, une préparation et des moyens spéciaux — on

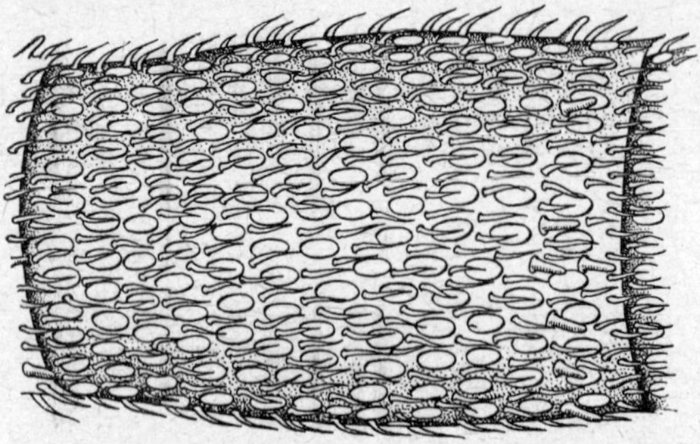

Fig. 41. — Article de l'antenne d'abeille, très fortement agrandi. Les taches claires correspondent à des zones amincies de la cuirasse de chitine (organes de l'olfaction) ; à côté d'elles, quelques cônes olfactifs et de nombreux poils tactiles.

peut voir les fines ramifications du nerf olfactif pénétrer dans les canalicules de la carapace et s'y terminer. On s'aperçoit aussi que ces pores ne sont pas vraiment ouverts, mais qu'ils sont obturés vers l'extérieur par une pellicule toute mince, faisant toujours partie de la carapace ; cette pellicule est tellement fine qu'elle laisse passer les odeurs de l'air ambiant, tout en étant assez consistante pour préserver de la dessiccation les terminaisons nerveuses, si délicates.

Entre ces pores olfactifs se dresse une forêt de petits poils tactiles qui font que l'antenne de l'abeille n'est pas seulement un organe de perception des odeurs mais aussi son organe du toucher le plus important. Cela doit avoir des conséquences bien particulières, lorsqu'on y réfléchit. Peu importe à notre nez que nous flairions un objet rond ou carré, court ou long ; son odeur nous arrive dans le tourbillon de l'air que nous inhalons, et lorsqu'elle atteint les cellules olfactives, au fond de nos fosses nasales, il n'y a plus l'ombre d'un rapport entre la forme de l'objet dont elle émane et la façon dont elle excite les terminaisons nerveuses. Chez l'abeille, c'est différent. Quand, dans l'obscurité de la ruche, elle palpe et inspecte avec ses antennes les cellules du rayon qu'elle construit, sentant donc la cire, ou un œuf fraîchement pondu, ou encore des larves, elle perçoit, du fait de l'interpénétration de ses organes tactiles et olfactifs, les deux espèces de sensations en liaison étroite l'une avec l'autre et en rapport direct avec la forme de l'objet. Il pourrait en résulter que les abeilles ont un *odorat « plastique »*, comme nous avons une vision *plastique* des objets, en ce sens que nous avons l'habitude, depuis notre jeunesse, d'amalgamer intimement impressions visuelles et sensations corporelles. Que notre nez hume des cellules hexagonales faites de cire ou la boulette qu'on peut en faire, nous ne percevrons jamais qu'une même odeur de cire. Pour l'abeille, la senteur de la « cire en hexagones » pourrait bien être aussi différente de celle de la « cire en boule » que leurs aspects respectifs le sont pour notre œil. Ceci confère à l'efficacité de son olfaction une grande perfection. Nous ne pouvons cependant la concevoir, puisqu'elle est étrangère à ce que nous éprouvons nous-mêmes. Mais pour les abeilles, qui n'ont que leur sensibilité tactile et leur odorat pour les guider dans leurs fonctions à l'intérieur de la ruche, cela représente un enrichissement considérable de la sphère sensorielle.

LES GOÛTS NE SE DISCUTENT PAS

« De gustibus non est disputandum » dit une vieille maxime. Lorsque deux horticulteurs discutent, chacun prétendant avoir obtenu dans son jardin de plus gros concombres que l'autre, il y a moyen de trancher la question, en recourant aux services d'un arbitre s'il le faut. Mais lorsque deux hommes se disputent pour savoir si une tasse de café est meilleure avec ou sans sucre, cela n'a aucun sens. En effet, quelques essais peuvent aisément nous convaincre de ce qu'une substance possédant une saveur donnée n'est pas appréciée de la même façon par tout le monde. En réalité, c'est que chacun trouve meilleur ce qui plaît à *son* organe gustatif, et ni les exhortations, ni un jugement ne l'en feront démordre.

Si les hommes entre eux ne sont déjà pas d'accord sur le bon ou le mauvais goût des aliments, on ne s'étonnera pas en apprenant que dans ce domaine les insectes sont souvent d'un tout autre avis qu'eux ; pourtant, les concordances que nous avons relevées à beaucoup d'égards entre ces animaux et nous, peuvent faire paraître remarquable cette divergence.

Il y a en tout cas concordance dans la séparation du « sens chimique » dans l'odorat et le goût. Le sens de l'odorat est par sa sensibilité extraordinaire un organe de perception pour maintes choses situées à distance. De minimes particules, qui se détachent des matières volatiles, sont amenées par l'air et excitent les nerfs olfactifs. Le sens gustatif, lui, est relativement émoussé ; son rôle se borne à éprouver la constitution chimique de la nourriture, au moment où elle est absorbée. Chez l'abeille comme chez l'homme, une autre limitation réside dans le petit nombre de sensations que le goût communique : le doux, l'amer, le salé, etc.

Le goût du sucré est très répandu dans le règne animal. Cependant, l'acuité gustative y est soumise à des fluctuations considérables. Un petit poisson, le Vairon, est capable de reconnaître une solution sucrée à une dilution 100 fois plus forte que nous. Certains papillons, qui goûtent avec la pointe de leurs pattes, ont une sensibilité gustative qui dépasse de plus de 1 000 fois celle de notre langue.

Manger par gourmandise est pour ainsi dire la raison de vivre des abeilles. En effet, le nectar des fleurs n'est au fond qu'une liqueur sucrée, qu'elles reconnaissent à sa douceur et aspirent dans leur estomac. Celui qui s'imaginerait qu'à cause de cela leur goût doit être particulièrement sensible, se tromperait du tout au tout. En effet, c'est précisément le contraire. Elles ne font pas la différence entre de l'eau pure et une solution de sucre de canne à environ 2 %, concentration à laquelle nous percevons très nettement une saveur sucrée. Même des abeilles affamées refuseront de boire une telle solution, alors qu'elles se jettent avec avidité sur la moindre gouttelette d'eau sucrée que sa concentration leur permet d'identifier.

Pour illustrer ces contrastes, j'ai représenté sur la figure 42 une bouteille contenant 1 litre d'eau, et à côté d'elle les quantités respectives de sucre qu'il faut dissoudre dans cette eau pour que le papillon au goût le plus sensible que nous connaissions, le vairon, la langue humaine et la trompe de l'abeille puissent y reconnaître une saveur sucrée. Un papillon peut tirer parti, pour se nourrir, de la plus infime quantité de sucre. Mais si la sensibilité gustative des abeilles est relativement émoussée en ce qui concerne le sucre, il y a une bonne raison pour cela. En effet, c'est comme provision d'hiver qu'elles amassent le nectar, et les solutions peu concentrées ne feraient pas l'affaire, car elles ne se conservent pas. De même que la ménagère ne peut être avare de son sucre en faisant des conserves de fruits, de crainte que ceux-ci ne moisissent, l'abeille ne peut pas emmagasiner du miel trop dilué dans ses alvéoles. La nature l'a ainsi créée, qu'elle n'est jamais tentée d'agir d'une façon qui ne serait pas conforme aux lois de la biologie. Les plantes répondent d'ailleurs à ce besoin d'une nourriture qui se conserve, en ce sens qu'elles élaborent, dans le nectar de leurs fleurs, une liqueur dont la teneur en sucre est étonnamment élevée (40 à 70 %, en général).

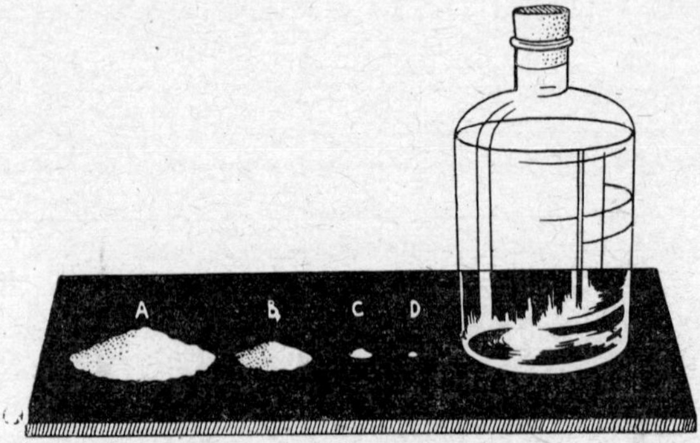

Fig. 42. — La bouteille contient un litre d'eau. A côté, on a versé les petits tas de sucre qui doivent être dissous dans ce volume d'eau pour que la saveur en soit perçue respectivement par un papillon particulièrement sensible (D), un poisson (le vairon) (C), par l'homme (B) et par l'abeille (A).

La saccharine et autres produits de remplacement du même type, qui pour nous ressemblent au sucre au point de les confondre avec lui, sans qu'ils aient cependant de valeur nutritive, ne trompent pas l'abeille. Non pas qu'elle soit plus intelligente que nous ! Mais tout simplement parce que ces produits, très sucrés pour nous, n'ont aucun goût pour elle.

Quand des enfants ne veulent pas cesser de sucer leur pouce, on le leur badigeonne parfois au moyen d'un peu de quinine. Cela lui donne un goût tellement amer que ce moyen d'éducation s'est révélé supérieur à tout autre. Or les abeilles boivent avec un plaisir manifeste des solutions sucrées auxquelles on a ajouté de la quinine et qui, pour nous, sont presque imbuvables. Il y a d'ailleurs encore d'autres substances amères auxquelles elles sont beaucoup moins sensibles que nous.

On a encore dénombré bien des déviations du goût chez les abeilles. Cependant, comme nous n'avons nullement l'intention d'écrire un livre de cuisine à leur usage, nous pouvons nous en tenir là.

UNE APPLICATION PRATIQUE

L'apiculture n'est pas seulement une fantaisie, c'est une activité très utile. Les forêts bien entretenues d'aujourd'hui, sans arbres creux, n'offrent pas aux abeilles des possibilités de vie suffisantes. Si l'homme ne les avait pas domestiquées, d'innombrables quintaux de précieux nectar se perdraient dans les fleurs ou n'aboutiraient que dans l'estomac des mouches et des papillons. Mais l'élevage des abeilles a une utilité indirecte qui surpasse de loin le miel qu'il rapporte. En effet, la plupart des plantes de nos cultures sont pollinisées principalement par des abeilles et ne donneraient, sans elles, que peu de graines et de fruits, ou même pas du tout (cf. pp. 24 à 27).

Les apiculteurs ont l'habitude de soustraire tant de miel à leurs colonies que les provisions qu'ils leur laissent ne suffisent plus pour l'hiver. Ils donnent alors à chacune d'entre elles, en automne, 3 à 5 kilos de sucre sous forme d'eau sucrée. Cela convient parfaitement aux abeilles, et c'est très avantageux pour l'éleveur, puisque le miel a beaucoup plus de valeur que le sucre. Mais de fortes taxes pèsent sur ce dernier. Aussi, pour favoriser l'apiculture, on a voulu exonérer de taxes le sucre dont les éleveurs ont besoin pour nourrir leurs abeilles. Les autorités financières émettent cependant le vœu bien légitime que ce sucre livré au rabais aille vraiment aux abeilles et n'échoue pas, du fait des faiblesses humaines, dans les pots de confiture de la ménagère ou en quelque autre lieu de ce genre. Elles désirent donc que ce sucre soit rendu inutilisable en tant qu'aliment pour l'homme, grâce à une dénaturation appropriée.

Beaucoup de moyens ont été proposés dans ce dessein, et même parfois utilisés pendant un certain temps : du poussier de tourbe et du sable, de la sciure et du charbon de bois, du sel, du paprica, et bien d'autres. Tantôt ils ne répondent pas à ce qu'on attend d'eux, se séparant trop facilement du sucre, tantôt ils ont des inconvénients pour les éleveurs. C'est pourquoi, dans les quelques pays où elle avait été accordée, l'autorisation de fabrication de sucre pour les abeilles, exempt de taxes et dénaturé, fut souvent retirée, au grand détriment de l'apiculteur.

Ce n'est que grâce à la connaissance exacte de la sensibilité gustative des abeilles que l'on découvrit un procédé qui constitue vraiment la solution du problème. En effet, il était tout indiqué de tirer parti du fait que ces insectes sont très peu sensibles à l'amer. Un des produits essayés retint l'attention parce que, déjà en traces infimes, il est épouvantablement amer pour l'homme, alors que pour l'abeille il n'a pratiquement aucun goût. Au point de vue chimique, cette substance (dénommée *octoacétylsaccharose*) n'est que du sucre qui s'est combiné à un peu d'acide acétique. Ce dernier s'est uni à la molécule de sucre, la rendant amère pour l'homme et insipide pour l'abeille. Mais la rareté et le prix élevé de ce produit s'opposaient à son utilisation comme dénaturant du sucre destiné aux abeilles. Cependant, grâce à leurs efforts incessants, les chimistes parvinrent bientôt à mettre au point une méthode, peu coûteuse, pour synthétiser une substance amère de ce type. Celle-ci fut vendue sous le nom d'*octosan*.

Des traces de ce produit suffisent à rendre inutilisables pour l'homme de grandes quantités de sucre auxquelles elles sont mélangées. En revanche, les abeilles boivent, comme s'il s'agissait du plus pur nectar, de l'eau sucrée à laquelle on a ajouté de l'octosan. La nature chimique de cette substance laissait prévoir qu'elle ne causerait aucun tort aux abeilles ni au couvain ; son innocuité fut d'ailleurs démontrée par des essais répétés pendant des années. Pour l'homme aussi, l'octosan est absolument inoffensif, ce qui est important. En effet, bien que ce produit serve principalement à nourrir les abeilles et qu'en principe il ne doive pas venir grossir tel quel la récolte de miel, il est inévitable qu'il en reste accidentellement dans les rayons ; dans ce cas, il pourra donc se faire qu'il soit incorporé à la marchandise destinée à la vente. Et si le miel était amer, les connaisseurs le refuseraient, tout indignés. Heureusement, dans le miel l'octosan est scindé en ses deux constituants, d'une part du sucre et de l'autre d'imperceptibles traces d'acide acétique, et le goût amer disparaît. C'est à croire que la nature a voulu créer tout exprès une substance qui réponde à la fois aux exigences du fisc et à celles de l'apiculture.

IX

LES YEUX DES ABEILLES ET LEURS SERVICES

VISION DES COULEURS

Si le lecteur, lors d'un séjour à la campagne, s'installe en plein air pour déjeuner, et si son repas comprend du miel, il se peut que les abeilles, attirées par l'arôme, viennent s'attabler à ses côtés. Voilà pour lui l'occasion de faire une expérience toute simple, pour laquelle il n'a besoin que d'un morceau de papier rouge et de deux bleus, tous trois de la même grandeur, et d'un peu de patience.

Eloignons le récipient qui contient le miel, après en avoir déposé quelques gouttes sur l'un des papiers bleus, que nous plaçons alors sur la table. Il ne faudra pas longtemps pour que les abeilles qui sont là aient découvert les gouttes de miel et se mettent à les sucer. Elles remplissent leur estomac, retournent à la ruche et reviennent quelques minutes plus tard pour continuer à profiter de cette aubaine. Laissons-les aller et venir quelques fois, puis mettons sur la table, à gauche et à droite de celui qui y est déjà, le papier rouge et l'autre bleu, en ayant bien soin de ne pas mettre de miel dessus ; enlevons alors le papier où nous avions déposé du miel. Les abeilles ne s'intéresseront pas le moins du monde au papier rouge, alors qu'elles ne cesseront de voltiger autour du bleu, et de s'y poser, bien qu'il n'y ait rien dessus et qu'aucune odeur de miel ne les y attire (fig. 43). Elles ont donc remarqué que le miel était sur le papier *bleu*, et distinguent le bleu du rouge.

Fig. 43. — Des abeilles auxquelles on avait d'abord donné à manger sur un papier bleu (en *), se mettent à chercher sur un papier bleu sans rien (à gauche), alors qu'elles ne prêtent pas la moindre attention à un papier rouge (à droite).

On a déduit d'expériences de ce genre que les abeilles voient les couleurs. Toutefois le problème n'est pas si simple, et cette conclusion était prématurée.

Il n'est pas rare de rencontrer des gens dont la vision des couleurs est plus ou moins réduite par rapport à la normale ; il y en a même — rarement, il est vrai — qui ne voient pas du tout les couleurs. Ces « daltoniens totaux » verront un paysage aux couleurs éclatantes de la même façon qu'il nous apparaîtra, à nous qui avons une vue normale, sur une simple photographie sans couleurs. Ils voient les diverses formes des objets, mais tout leur paraît gris sur gris, et les nuances des couleurs se traduisent chez eux par des différences d'éclairement. Présentons à l'un d'eux nos papiers bleu et rouge : il peut très bien les distinguer l'un de l'autre, et ne sera jamais tenté de les confondre. Ce n'est cependant pas à leur couleur qu'il les distingue, puisqu'il y est insensible, mais bien à leur degré de clarté, car le rouge lui semble très foncé, presque noir, et le bleu lui paraît gris clair ; il a la même impression que celle que nous donne le document de la figure 43. Pour lui, chaque couleur a ainsi son degré de clarté bien déterminé.

Mais notre expérience ne nous permet pas de dire si les abeilles ont distingué le rouge du bleu par les couleurs elles-mêmes ou si, comme des daltoniens complets, elles l'ont fait grâce aux différences de clarté. Si nous voulons pouvoir en tirer une conclusion valable, il nous faudra modifier quelque peu la façon dont nous nous y prenons.

La question est donc de savoir si le papier bleu apparaît à l'œil de l'abeille avec sa couleur réelle ou en tant que gris plus ou moins foncé, comme ce serait le cas pour un œil humain affecté de daltonisme total. Comme nous ne savons pas *quel* gris le bleu produirait dans l'œil d'une abeille complètement daltonienne, nous devons voir si elle est capable de le distinguer de *toute une série* de gris. Dans ce dessein, nous utiliserons un assortiment de papiers gris, allant du blanc le plus clair au noir le plus foncé, avec autant d'intermédiaires que possible. Plaçons un nouveau papier bleu au milieu des gris disposés absolument au hasard, et les abeilles que nous avions habituées à venir sucer du miel sur notre premier papier bleu volent vers lui sans hésiter et s'y posent (fig. 44). Elles reconnaissent donc le bleu parmi toutes les nuances de gris et nous prouvent maintenant qu'elles en voient vraiment la couleur.

De même que pour le dressage au parfum, il paraît indiqué, dans le cas qui nous occupe, d'utiliser de l'eau sucrée sans odeur, plutôt que du miel parfumé ; et il nous faudra aussi changer fréquemment de place le papier coloré, pour éviter que les abeilles ne s'habituent à un endroit donné.

Après un ou deux jours, les abeilles sont tellement bien dressées qu'elles survolent encore le carré bleu même lorsque nous recouvrons tous les papiers d'une plaque de verre. Elles nous montrent par là que c'est bien l'*aspect* du papier

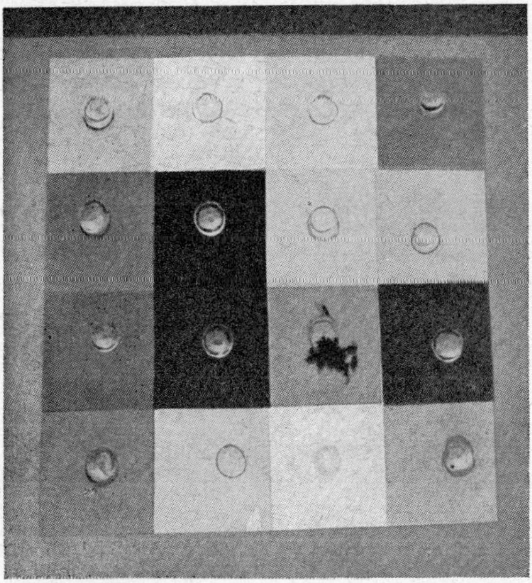

Fig. 44. — Démonstration de la vision des couleurs. Il y a un papier bleu parmi les papiers gris de différentes nuances. Sur chaque feuille, on place une petite écuelle vide, en verre, dont même celle qui est sur du bleu est propre, et ne contient rien à manger. Les abeilles qu'on a dressées à la couleur bleue vont toutes sur le papier bleu et nous prouvent donc qu'elles distinguent celui-ci parmi tous les gris.

bleu qui est déterminant pour elles, et non pas une éventuelle *odeur* que notre nez ne percevrait pas. En effet, celle-ci ne pourrait pas être perçue au travers d'une plaque de verre.

Refaisons l'expérience avec un papier jaune : nous obtiendrons un résultat aussi probant ; mais avec du rouge, une surprise nous attend. Les abeilles dressées au rouge, qui arrivent au-dessus de notre assortiment en damier, ne vont pas uniquement vers cette couleur, mais aussi vers le noir et le gris foncé (fig. 44). Un dressage plus poussé n'y changera rien : l'abeille confond le rouge et le noir ; pour elle, le rouge n'est pas une couleur mais bien un gris très foncé, comme pour le daltonien.

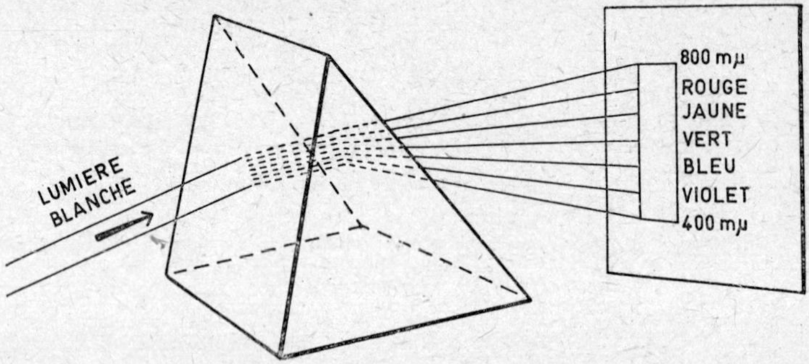

Fig. 45. — Production d'un spectre lumineux par réfraction des rayons dans un prisme.

Cependant, l'œil de l'abeille est supérieur à celui de l'homme à un autre point de vue. Il peut parfaitement percevoir les rayons lumineux « ultra-violets », ceux qui s'étendent au-delà du violet visible.

La lumière solaire blanche est un mélange de rayons lumineux de longueurs d'onde différentes. Lorsqu'elle traverse un prisme, les rayons sont plus ou moins fortement réfractés selon leur longueur d'onde, ils se trouvent ainsi classés selon cette longueur, et l'on voit apparaître la bande colorée du spectre lumineux (fig. 45), telle que la nature nous la montre dans toute sa beauté dans l'arc-en-ciel. A chaque longueur d'onde correspond une certaine sensation de couleur. Les longueurs d'onde les plus grandes nous apparaissent en rouge.

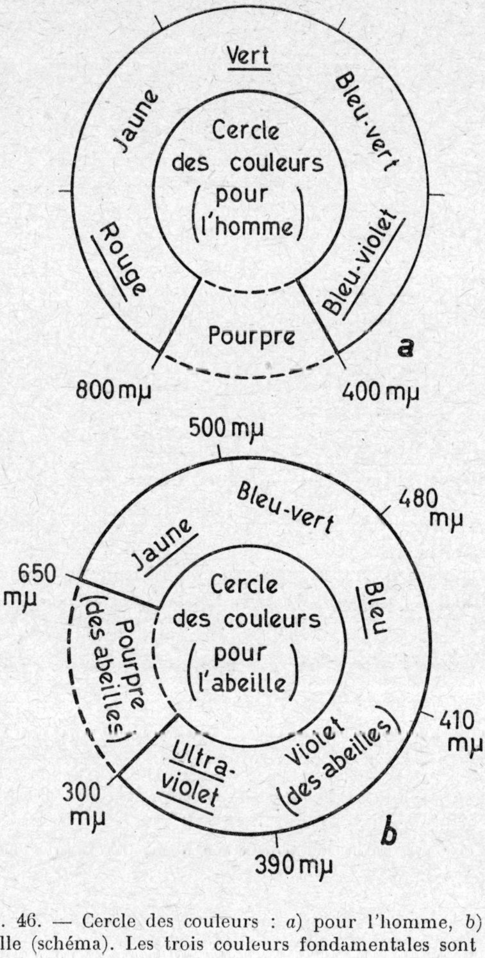

Fig. 46. — Cercle des couleurs : *a*) pour l'homme, *b*) pour l'abeille (schéma). Les trois couleurs fondamentales sont soulignées. En les mélangeant on peut former les couleurs intermédiaires. Les couleurs complémentaires se font face sur la figure (selon Daumer, modifié).

Prises en grandeur absolue, ces « grandes » ondes lumineuses sont cependant encore si petites qu'on les mesure en millimicrons ($m\mu$[1] = millionièmes de millimètre). A partir du rouge, avec une longueur d'onde de 800 $m\mu$, la bande des couleurs va jusqu'au violet, où se termine la visibilité pour notre œil avec une longueur d'onde de 400 $m\mu$.

Mais la lumière contient encore des rayons à ondes plus courtes, à savoir les rayons ultra-violets. Pour l'œil des abeilles, ce n'est qu'à 300 $m\mu$ que la lumière devient invisible. L'ultra-violet lui apparaît en une teinte particulière et, de plus, comme la couleur la plus claire et la plus éclatante de tout le spectre.

Lorsque l'on réunit les couleurs obtenues en décomposant la lumière blanche, on perçoit à nouveau de la lumière blanche. La même impression de blanc peut aussi s'obtenir en ne prenant dans le spectre que les trois couleurs « fondamentales » : le rouge, le vert et le bleu, et en les mélangeant dans la bonne proportion, ou en procédant de même avec certains couples de couleurs (couleurs complémentaires, telles le rouge et le bleu vert). Du rouge, en passant par le vert, le jaune, le bleu vert, le bleu et le violet, les couleurs du spectre se fondent peu à peu par fines dégradations successives.

Les extrêmes, rouge et violet, peuvent aussi se combiner autrement, par degrés intermédiaires, lorsque l'on mélange des rayons lumineux rouges et violets dans différentes proportions. Ainsi naissent les tons pourpres, que le spectre lui-même ne renferme pas et qui achèvent de le fermer pour constituer le cercle complet des couleurs (fig. 46 a).

Des expériences très récentes ont prouvé qu'en ce qui concerne le mélange des couleurs, les lois des abeilles correspondent aux nôtres bien que leurs yeux soient de constitution toute différente. (Cf. pp. 96 ss.) Pour elles aussi, il existe un

1. 1 μ (lettre grecque m) est la désignation pour 1/1 000 de millimètre. 1 $m\mu$ en est la millième partie, soit donc 1/1 000 000 de millimètre.

« *blanc* » qui peut se former par un mélange en partant aussi bien de toutes les couleurs du spectre visible *aux abeilles* que des trois couleurs de base des abeilles : jaune, bleu et ultra-violet (ou de deux couleurs complémentaires pour elles) et qui ne ressemble à aucune *couleur*. Pour elles aussi naissent des tonalités que le spectre lui-même ne renferme pas. C'est le cas lorsque l'on mélange des rayons lumineux provenant des régions extrêmes du spectre des abeilles (jaune et ultra-violet). En s'appuyant sur la chromatique humaine, l'on peut parler de « pourpre des abeilles » (fig. 46 b). Pour les abeilles, le rouge orangé, le jaune et le vert se ressemblent plus que pour nous, de même le bleu et le violet, tandis que dans la zone limitrophe, en direction de l'ultra-violet, naissent de nouvelles tonalités qui nous sont étrangères mais qui se détachent nettement pour les abeilles (« *violet des abeilles* »).

Dans l'ensemble, la vision des couleurs de ces insectes ressemble, plus qu'on ne le croyait, à la nôtre. La différence principale réside dans leur insensibilité au rouge et leur extraordinaire sensibilité à l'ultra-violet.

Ce qu'elle éprouve en voyant les couleurs, nous ne pouvons évidemment pas nous l'imaginer. Nous ne connaissons déjà pas l'effet produit chez notre prochain par une couleur qu'il appelle du même nom que nous, car l'œil d'un homme n'a jamais pu voir dans l'âme d'un autre !

L'ŒIL DE L'ABEILLE ET LES COULEURS DES FLEURS

Celui qui voudrait prétendre que toute la splendeur des fleurs n'existe que pour réjouir l'œil de l'homme, n'aurait qu'à étudier la complexion de leurs couleurs et la façon dont leurs hôtes ailés les voient, pour devenir beaucoup plus reservé à ce sujet.

Ce qui frappe tout d'abord, c'est qu'il existe pas mal de plantes qui ont des fleurs mais ne les font pas voir. Beaucoup de végétaux, comme l'herbe et le blé, les conifères, les ormes, les peupliers, etc., ont de petites fleurs inapparentes, sans parfum ni nectar, et qui n'attirent pas les insectes. C'est le vent qui réalise ici le transport du pollen, absolument au hasard, et ce qui sauve ces espèces, c'est qu'elles en produisent d'énormes quantités. Ces végétaux, dont la fécondation s'opère par l'entremise du vent, sont à opposer à ceux où ce sont les insectes qui la réalisent. Des visiteurs sont attirés vers ces dernières plantes par le miel qu'elles sécrètent, et véhiculent leur pollen à petite distance, mais de façon très sûre. Elles ont des fleurs qui retiennent l'attention, que ce soit par le parfum qu'elles répandent ou par l'éclat de leurs couleurs, ou encore par les deux ; c'est dans ce dernier cas que nous parlons de « fleurs ».

Ici, on est tenté de faire une comparaison. Il est normal qu'un aubergiste suspende une enseigne rutilante devant la porte de son établissement, pour attirer l'attention du passant, le faire entrer chez lui, et gagner de l'argent tandis qu'il prend quelque chose. De la même façon, on pourrait dire que les corolles chatoyantes des fleurs leur servent de fanions destinés à indiquer de loin aux abeilles l'endroit où le nectar coule pour elles et où elles feraient bien d'entrer pour le plus grand profit des deux parties. Mais alors, si vraiment les couleurs des fleurs existent en vue des animaux qui les pollinisent, on est en droit de s'attendre à une relation entre les particularités de la vision des couleurs chez ceux-ci et les modalités des couleurs de celles-là. Or, il se fait qu'une telle relation se vérifie complètement.

Bien avant qu'on ne connût en détail la vision des couleurs chez l'abeille, les botanistes avaient déjà remarqué, sans cacher leur étonnement, la rareté des fleurs vraiment rouges, dans notre flore. Or, le rouge est précisément la seule couleur à laquelle l'œil des abeilles soit réfractaire, et les fleurs de cette teinte ne les frappent donc pas ; la plupart des fleurs prétendues « rouges » de notre flore, la bruyère, le rhododendron, le trèfle incarnat, le cyclamen et ainsi de suite, ne sont pas rouges au sens où nous l'entendons ici, mais

Fig. 47. — Colibri planant devant les fleurs d'une plante grimpante (*Manettia bicolor*), dont il aspire le miel. (D'après Porsch.)

plutôt pourpres, donnant donc à l'abeille une impression de bleu.

Les plantes n'arriveraient-elles pas à fabriquer un pigment écarlate ? Cette hypothèse n'est pas plausible, car dans le cas des plantes tropicales que nous aimons à cultiver dans nos serres et jardins, en partie à cause de leurs couleurs étranges, l'écarlate est extraordinairement fréquent. Nous n'avons cependant pas de raison de supposer que les abeilles des tropiques voient autrement que les nôtres. Mais il se fait — et cela encore, les botanistes le savent depuis longtemps — que la pollinisation de ces fleurs d'un rouge éclatant ne s'opère justement pas par l'intermédiaire des abeilles, ni d'aucun insecte, mais par celui de petits oiseaux comme le colibri et d'autres oiseaux mellivores ; ceux-ci sucent de leur long bec leur abondant nectar, tout en planant devant elles (fig. 47) ; et les recherches de ces dernières années nous ont révélé que ce rouge auquel l'œil de l'abeille n'est pas sensible, a pour l'oiseau un éclat tout particulier.

Voici encore un nouvel exemple de relation entre le coloris des fleurs et les animaux qui les visitent, exemple connu depuis longtemps et ayant donné lieu à de nombreuses discussions avant que des expériences récentes n'en apportent l'explication ; les quelques fleurs de nos pays qui soient d'un rouge à peu près pur, telles l'œillet sauvage, le compagnon rouge, le silène acaule [1], ne sont généralement pollinisées ni par des abeilles ni par des mouches ou des coléoptères, mais principalement par des papillons diurnes qui, grâce à leur longue trompe, en extraient le miel logé à la base de tubes floraux très profonds. Cette dernière particularité prédestine tout spécialement ces fleurs à être pollinisées par ces papillons ; or, ceux-ci paraissent être, dans l'état actuel de nos connaissances, les seuls insectes qui perçoivent le rouge, contrairement aux abeilles.

On ne pouvait vraiment pas demander davantage. C'est comme si, chez les animaux, la faculté de voir le rouge, ou l'absence de celle-ci, se reflétait dans les couleurs des fleurs qu'ils visitent. On pouvait encore s'attendre — et cela se vérifia récemment — à trouver dans le coloris des fleurs un écho à la propriété que possède l'œil de l'abeille de perce-

1. La troisième de ces plantes ne se rencontre qu'en des sites élevés (Note du trad.).

voir les rayons ultra-violets. Pour le moment, ces rapports sont cependant encore vagues, pour nous qui ne voyons pas les ultra-violets. L'étude des fleurs de coquelicots nous apporta une grosse surprise. Elles sont parmi les rares fleurs d'un rouge presque pur qui poussent chez nous, et cependant les abeilles y viennent avec assiduité. C'est que nous ne voyons pas que leurs pétales renvoient non seulement les rayons rouges de la lumière, sans signification pour les abeilles, mais aussi les ultra-violets. Pour nous le coquelicot est donc rouge, pour les abeilles il est « ultra-violet ». Ceci est également valable pour les haricots à fleurs rouges. Voilà qui enlève tout fondement aux prétendus arguments selon lesquels, dans ce cas-ci, les couleurs de la fleur ne pouvaient pas être perçues par les animaux qui venaient la visiter. Et de même, la majorité des fleurs *blanches* sont colorées, pour les abeilles. En effet, on a fait une deuxième découverte surprenante, dans ce domaine, à savoir que toutes les fleurs blanches, sans que notre œil le remarque, absorbent les rayons ultra-violets, de courtes longueurs d'onde, de la lumière solaire.

Nous ne remarquons pas si une lumière, qui est blanche pour nous, contient ou non de l'ultra-violet. Mais, selon les lois du mélange des couleurs, un « blanc » duquel l'ultra-violet a été éliminé, apparaîtra comme « bleu vert » — la couleur complémentaire de l'ultra-violet — à l'œil de l'abeille sensible à l'ultra-violet. Remarquons combien ceci est important car, pour l'abeille, la lumière « blanche », formée de toutes les couleurs qu'elle peut percevoir (donc ultra-violet y compris), est beaucoup moins frappante que la lumière colorée. On a beaucoup de peine à dresser des abeilles à un blanc de ce type, que l'on chercherait d'ailleurs en vain dans le monde des fleurs. Là où nous voyons les étoiles blanches des pâquerettes dans une prairie verte, les abeilles les voient se détacher en bleu vert sur l'herbe jaune pâle.

Les blanches fleurs de pommier, les campanules blanches, le liseron blanc, les roses blanches, sont autant d'enseignes colorées pour les yeux de leurs visiteurs.

Si les pétales doivent ici leur aspect multicolore au *manque* de couleur ultra-violette, dans d'autres cas, son *adjonction* occasionne un enchantement de couleurs qui nous reste caché. Ainsi, par exemple, les fleurs jaunes de la fausse giroflée (*Erysimum helveticum*), du navet (*Brassica napus*) et de la moutarde (*Sinapis arvensis*) se distinguent à peine pour nous par leur couleur et leur forme.

Les abeilles pourraient se rire de nous ! Pour elles, seule la fausse giroflée est « jaune ». Les fleurs du navet rejettent aussi un peu d'ultra-violet et acquièrent ainsi une légère teinte « pourpre » (Cf. pp. 85, 86). La moutarde, dont les pétales réfléchissent beaucoup d'ultra-violet, devient ainsi d'un profond « rouge pourpre » pour l'œil de l'abeille, qui parvient à distinguer facilement les trois espèces — ainsi qu'on peut le démontrer. La figure 48 montre ces trois fleurs ; à gauche, à travers un filtre ne laissant passer que la lumière jaune, à droite, à travers un filtre ultra-violet. On voit que la lumière jaune est uniformément réfléchie par les trois fleurs, tandis qu'elles renvoient, avec une intensité différente, l'ultra-violet, non perceptible à notre œil. La même remarque vaudrait pour beaucoup d'autres fleurs qui nous apparaissent comme uniformément jaunes ou bleues.

Il n'est pas rare que l'emplacement d'une fleur où se trouve la nourriture, se détache par un dessin de couleur — la « marque » du *nectaire*. Tout le monde connaît l'anneau jaune du myosotis bleu par le centre duquel l'abeille doit introduire sa trompe pour atteindre le nectar. Chez la primevère (fig. 49), les fleurs jaune clair portent une marque jaune foncé et celui qui observe tant soit peu trouvera maints autres exemples. Tandis que la couleur de la fleur entière se voit de loin comme l'enseigne d'un cabaret, c'est la marque

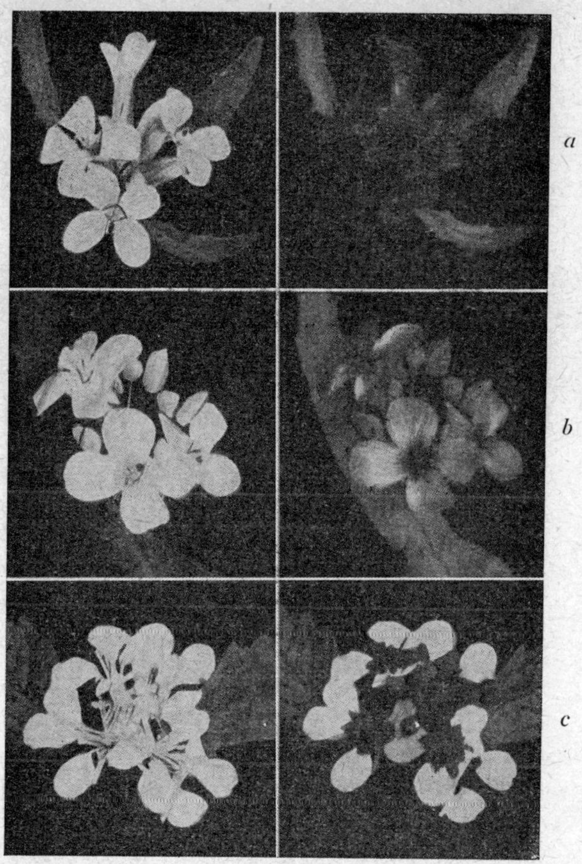

Fig. 48. — Fleurs *a*) de la fausse giroflée (*Erysimum helveticum*), *b*) du navet (*Brassica napus*), *c*) de la moutarde (*Sinapis arvensis*), à gauche sous lumière jaune, à droite sous lumière ultra-violette. La réflexion ultra-violette inégale produit, pour l'œil de l'abeille, des tonalités nettement différentes et, pour nous, des fleurs uniformément jaunes. (Selon Daumer.)

du nectaire qui montre à l'hôte qui entre où il trouvera à se réconforter — ceci d'une façon plus plaisante, certes, que notre terne inscription « restaurant ». Ce marquage sera d'autant plus accueillant que la marque colorée émet presque toujours une odeur plus forte, souvent aussi d'une autre espèce, que les parties environnantes de la fleur. La marque optique du nectaire forme en même temps, pour l'abeille, un « signal odorant ». Nous n'en remarquons rien parce qu'en aspirant l'air dans le nez, nous mélangeons trop vivement les substances odorantes. Grâce à leurs antennes qui se projettent en avant, les abeilles peuvent en quelque sorte sentir de façon plastique (Cf. p. 73), et de pareilles marques odorantes leur sont de grande importance.

Fig. 49. — Fleur de la primevère (*Primula acaulis*) avec l'emplacement des nectaires.

Celui qui pourrait considérer le monde avec les yeux de l'abeille, serait surpris de découvrir près du double d'espèces de fleurs que ne découvre par ses propres moyens notre œil aveugle à l'ultra-violet. On peut se faire une image de la vision qui s'offre à l'œil de l'abeille en photographiant les fleurs au travers de trois filtres de couleur dont la perméabilité correspond aux trois zones représentant, pour l'œil de l'abeille, les couleurs fondamentales. Ainsi, la figure 50 montre la fleur de la potentille rampante (*Potentilla reptans*), uniformément jaune pour nous : la teinte claire des pétales, dans la photographie prise au travers du filtre jaune, montre que le jaune est fortement et également renvoyé ; leur teinte sombre, dans l'image du haut, à droite (filtre bleu), montre que les rayons de lumière bleus sont résorbés ; la photographie au travers de l'ultraviolet (en bas) dévoile le phénomène surprenant d'une marque de nectaire invisible pour nous : les parties extérieures des pétales réfléchissent l'ultra-violet, elles donnent donc la

Fig. 50. — Fleur et feuilles de la potentille rampante (*Potentilla reptans*) photographiées *a*) en lumière jaune, *b*) en lumière bleue, *c*) en lumière ultra-violette. La fleur, purement jaune pour nous, réfléchit fortement dans le jaune, pratiquement pas dans le bleu, et fortement dans l'ultra-violet — mais seulement aux parties extérieures des pétales. Ainsi se forme une image des nectaires invisible pour nous, purement jaune dans un environnement de teinte « pourpre ». Pour les abeilles, le feuillage est presque incolore par suite d'une faible réflexion uniforme dans les trois zones des teintes fondamentales pour elles. Les dégradés gris que la photographie met également en évidence servent à la détermination photométrique de la réflexion (selon Daumer).

teinte résultant du mélange du jaune et de l'ultra-violet, le « *pourpre d'abeille* » ; les parties intérieures résorbent l'ultra-violet de façon que, pour l'œil de l'abeille, il apparaît une image de nectaire purement jaune dans un ensemble pourpre. On a pu, par des expériences avec des abeilles, établir combien efficaces sont de tels aspects, alors que nous ne pouvons les percevoir.

La figure 50 permet de faire une autre constatation qui confère proprement sa signification profonde à toute cette splendeur de couleurs. Avec la fleur, quelques feuilles vertes ont aussi été photographiées. Elles réfléchissent la lumière de façon relativement égale dans les trois zones de teintes fondamentales, un peu plus dans la seule teinte jaune. Cela vaut aussi pour d'autres feuilles de sorte que le feuillage qui nous apparaît en vert, est pour l'abeille d'un gris presque incolore tirant un peu sur le jaune. Pour elle, les fleurs multicolores brilleront avec d'autant plus d'éclat sur cet arrière-plan si terne.

Celui qui aime la nature n'aura pas moins de plaisir à voir les fleurs s'il reconnaît qu'elles ont été faites pour d'autres yeux que les siens.

LA STRUCTURE DES YEUX

Deux personnes peuvent avoir une vision des couleurs absolument normale et identique, tout en ayant des yeux très différents. L'une sera peut-être capable de reconnaître les détails d'un objet très éloigné, avec une précision digne de l'œil d'un Indien, alors que si la seconde, myope au plus haut point, est privée de ses lunettes, elle fera montre d'une gaucherie à tenter un caricaturiste. Même par la dissection la plus poussée, on ne peut pas se rendre compte si un œil voit ou non les couleurs ; en effet, c'est dans la texture la plus fine de sa structure interne que siège cette propriété, dépassant même les limites de la visibilité microscopique. Mais la plus ou moins grande netteté avec laquelle l'œil voit la forme des objets dépend étroitement, elle, de sa structure extérieure, microscopique, si bien qu'un anatomiste peut, par exemple, en voyant un œil, dire qu'il provient d'un myope.

En disséquant l'œil d'une abeille ou d'un autre insecte, nous ne devons pas espérer juger de ses qualités fonctionnelles d'après sa structure, car toute l'expérience acquise chez l'homme ne peut nous aider. En effet, cet œil-ci est construit d'une façon absolument différente de l'œil humain. Nous sommes donc en présence d'un problème qui a un attrait tout particulier pour le biologiste : dépister les procédés par lesquels la nature arrive, par des voies diamétralement opposées et chez des êtres aussi différents que l'homme et l'abeille, à atteindre un seul et même but.

Les finesses de la structure de l'œil d'insecte sont tellement variées qu'elles en font oublier l'œil humain. Seule une étude sérieuse, donnant lieu à de nombreuses discussions, même d'ordre physique, permettrait d'en donner une compréhension exacte. Toutefois, on pourrait peut-être expliquer en peu de mots les différences fondamentales des deux genres de structures.

L'œil humain peut être comparé à un appareil photographique. La pupille correspond à l'orifice pratiqué dans la paroi antérieure de l'appareil. De même que le photographe diaphragme pour diminuer l'arrivée de lumière, l'iris se resserre lorsqu'on est en plein soleil, rétrécissant la pupille et protégeant l'intérieur de l'œil contre une lumière trop vive. Le cristallin de l'œil correspond à la lentille de la caméra ; tous deux ont la même forme et la même action. Lorsque nous fixons un point lumineux situé à une certaine distance de notre œil (fig. 51, *A*) et émettant des rayons lumineux dans tous les sens, nous observons que le cristallin fait converger vers un même point du fond de l'œil tous les rayons qui ont traversé la pupille (*a*). Imaginons un second point lumineux (*B*) situé au-dessus du premier : le cristallin projette ses rayons vers un point de la rétine situé un peu plus bas (*b*), tandis que les rayons émanant d'un troisième point (*C*), situé sous le premier, se réunissent en un point du fond de l'œil situé un peu plus haut (*c*). Le lecteur pourra imaginer comme points lumineux trois étoiles dans le firmament ou trois flammes de bougies superposées.

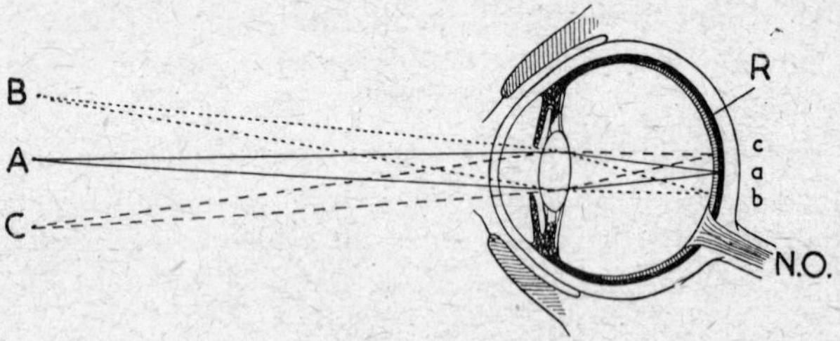

Fig. 51. — Œil humain. *R* rétine, *N O* nerf optique. (Explications complémentaires dans le texte.)

Ce que nous disons est cependant vrai pour n'importe quel point, même non lumineux, du moment qu'il est éclairé par de la lumière naturelle ou artificielle ; en effet, il renvoie alors dans toutes les directions la lumière qu'il reçoit, comme si c'était lui qui la produisait. Nous pouvons très bien nous représenter tous les objets situés dans notre champ visuel comme étant constitués d'un grand nombre de points juxtaposés ; faisons mentalement pour chacun d'entre eux ce que nous avons fait pour les points *A*, *B* et *C*, et nous comprenons que le cristallin projette sur la rétine une image renversée, petite mais fidèle, de l'objet que nous regardons, exactement comme la lentille de l'appareil photographique projette une image renversée sur le verre dépoli ou sur la plaque qu'on lui a substituée.

La différence fondamentale entre la caméra et notre œil, c'est ce que deviennent les images qui s'y sont formées. L'appareil photographique fixe sur la plaque l'image d'un instant donné et la conserve, si l'on peut dire. Dans notre œil, c'est la rétine qui tient lieu de plaque sensible, et c'est par son intermédiaire que nous avons conscience des images, qui surgissent et s'évanouissent à chaque instant au rythme des mouvements de nos yeux, accompagnées de leurs jeux d'ombres et de lumières. La partie la plus importante de la rétine est constituée d'une toute fine mosaïque d'éléments en forme de bâtonnets, tellement petits qu'il faudrait en mettre plusieurs centaines les uns à côté des autres pour couvrir une distance d'un millimètre ; chacun d'entre eux est relié à l'intérieur de notre cerveau par un fin filet nerveux. Le nerf optique, qui va de l'œil au cerveau, est fait de la somme de tous ces petits nerfs. Tout point lumineux qui frappe un bâtonnet est signalé au cerveau par son rameau nerveux, et ce n'est que là, pas dans la rétine, qu'apparaît la sensation consciente : celle d'un unique point, brillant dans l'obscurité de la nuit, image produite de la même façon que celle des innombrables points qui remplissent notre champ visuel lorsqu'il fait jour, et se fondent en une image unitaire, celle de ce qui se trouve devant nos yeux. On s'est parfois demandé pourquoi le monde ne nous paraît pas à l'envers, puisque son image est renversée, sur la rétine ; cette question n'a pas de sens, car ce n'est pas dans la rétine, mais bien dans le cerveau que l'image devient consciente, et l'ordre dans lequel les différents points qui la composent y sont disposés, s'est considérablement modifié par rapport à leur distribution sur l'écran de la rétine.

L'œil de l'abeille — de même que celui des autres insectes — n'a ni pupille, ni iris, ni cristallin proprement dit. Sa rétine, située au fond, est comparable à la rétine humaine, mais l'image s'y forme d'une tout autre manière. Les yeux, fortement bombés, se trouvent sur les côtées de la

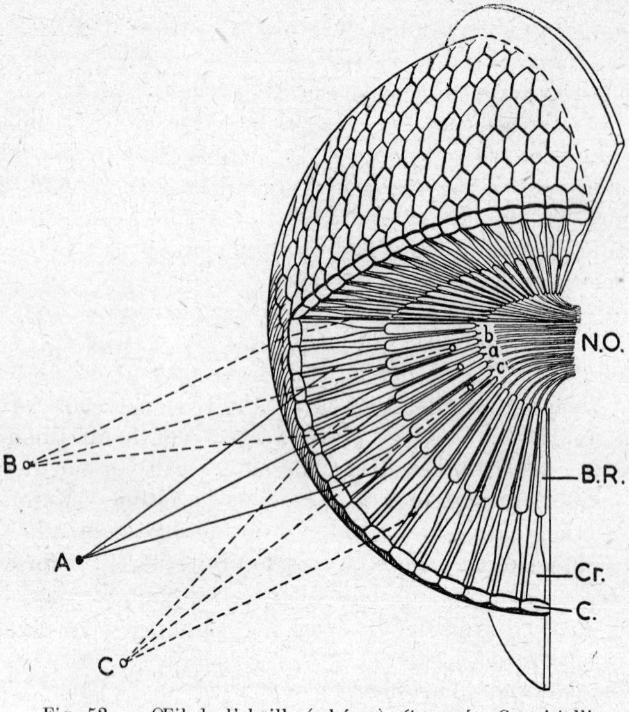

Fig. 52. — Œil de l'abeille (schéma). *C* cornée, *Cr* cristallin, *B R* bâtonnet rétinien, *N O* nerf optique. Aux points *A*, *B* et *C*, situés dans le champ visuel, correspondent les points-images rétiniens *a*, *b* et *c* ; l'image qui se forme est donc droite.

tête (cf. fig. 15, p. 21). En examinant leur surface à l'aide d'une forte loupe, nous pouvons y apercevoir une infinité de facettes, d'où l'expression d'*œil à facettes*, utilisée pour désigner cet organe (cf. fig. 52). L'aspect extérieur de cet œil révèle donc déjà sa curieuse structure interne. Mais celle-ci ne nous apparaît clairement que lorsque, avec toute la prudence qui s'impose, nous coupons l'œil en deux parties symétriques (fig. 52, 53). Les facettes de la surface de l'œil sont constituées de chitine, comme la cuirasse qui recouvre tout le corps de l'insecte ; ce revêtement correspond à la cornée de notre œil, et a la même action protectrice qu'elle. Chacun de ces champs cornéens coiffe une formation conique, claire comme du cristal : le cône cristallin (*Cr* sur les fig. 52 et 53). Ce dernier réfracte les rayons lumineux envoyés en son centre, et les transmet au bâtonnet rétinien *B. R.* ; l'ensemble de tous ces bâtonnets forme la rétine. La facette, le petit tube qui lui fait suite et le bâtonnet rétinien correspondant, forment ce que l'on appelle une ommatidie. Et l'œil de l'abeille est fait d'environ 5 000 ommatidies pressées les unes contre les autres et toutes inclinées — ceci est très important — très légèrement les unes par rapport aux autres, convergeant vers le nerf optique, ce qui fait qu'il n'y en a pas deux qui soient parallèles entre

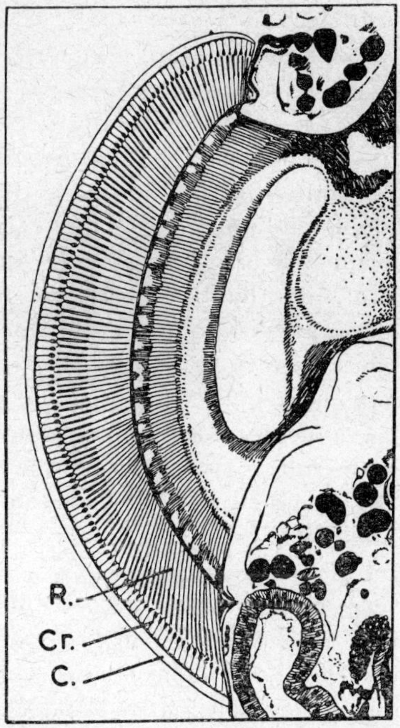

Fig. 53. — Coupe à travers l'œil d'une abeille. *C* cornée, *Cr* cristallin, *R* rétine. A un endroit de la région supérieure de l'œil, la cornée s'est quelque peu décollée de la couche cristalline, sous l'influence de la technique de fixation. (Photo E. LANGWALD.)

elles. Chacun de ces petits tubes est entouré d'une membrane noire, imperméable à la lumière, et qui l'enveloppe comme un doigt de gant.

Imaginons à nouveau la présence, dans le champ visuel de cet œil, d'un point lumineux (*A*) émettant des rayons dans toutes les directions ; ceux-ci tomberont sur toute la surface de l'œil. Mais seuls atteindront le bâtonnet rétinien, ceux qui passent par l'ommatidie dirigée exactement vers la source de lumière (*a*). Dans les autres, la lumière pénètre plus ou moins obliquement et est absorbée par l'enveloppe noire avant d'avoir pu parvenir jusqu'à la rétine. Un point *B* situé plus haut se trouvera, lui, dans l'axe d'un tube plus élevé, tandis qu'un rayon émanant d'une source *C* sise plus bas atteindra la rétine en passant par un élément inférieur aux deux autres (fig. 52). Il en va de même pour chacun des innombrables points qui composent un objet. Chaque ommatidie capte en quelque sorte la minuscule partie de champ visuel qui est dans son axe. Comme la figure le fait immédiatement comprendre, cela donne encore une image rétinienne, mais pas renversée comme celle de l'œil qui possède un cristallin ; ici, la disposition des différents points de l'image obtenue sur la rétine est la même que pour l'objet, et l'image est donc droite. On a beaucoup discuté à propos de ce contraste entre les deux espèces d'yeux. Il n'a pourtant pas grande signification par lui-même, n'étant que la suite logique du processus de formation de l'image rétinienne : chez l'abeille, les objets qui occupent le champ visuel sont fragmentés dès la surface de l'œil en une mosaïque de petits morceaux d'image, qui s'acheminent tous séparément vers la rétine et de là vers le cerveau, en traversant chacun un des éléments de l'œil ; chez nous, le cristallin donne naissance à une image unitaire, renversée, réduite en mosaïque seulement au niveau des bâtonnets de la rétine, et transmise de là au cerveau. Dans les deux cas, c'est au cerveau qu'il incombe de reconstituer l'image globale à partir de la mosaïque que lui envoie la rétine.

Le tracé de la figure 52 agrandit et simplifie les divers éléments, pour mieux faire comprendre comment se forme l'image. La figure 53, elle, pourra nous aider à nous faire une idée du nombre des ommatidies, ainsi que de l'élégance et de la régularité de leur agencement réel. Elle représente une coupe d'œil d'abeille, photographiée à travers un microscope.

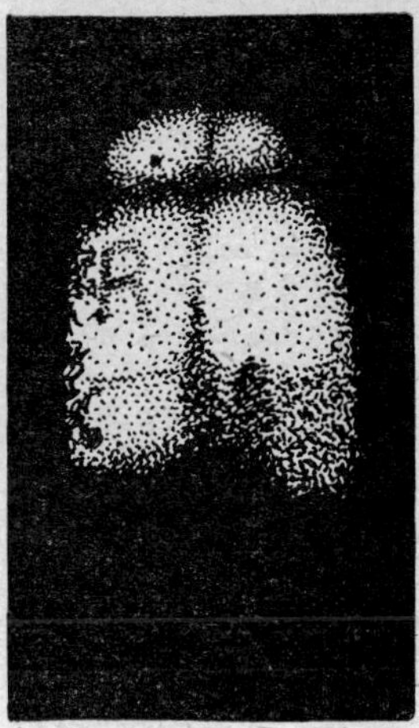

Fig. 54. — Fenêtre et paysage vus au travers de l'œil d'un lampyre ; dessin d'une microphotographie de l'image rétinienne formée dans cet œil (agrandi 120 fois). On aperçoit une église à travers la fenêtre cintrée. Sur la vitre, on a collé un *R* découpé dans du papier noir. (D'après S. Exner.)

ACUITÉ VISUELLE ET VISION DES FORMES CHEZ L'ABEILLE

Nous voudrions évidemment savoir avec quelle précision l'œil de l'insecte, si différent du nôtre par sa structure, perçoit les objets qui l'environnent. Nous pouvons obtenir de plusieurs façons des renseignements à ce sujet.

C'est toujours l'observation directe qui nous fournit les données les plus précises. On est parvenu à observer l'image qui se forme sur la rétine d'un lampyre ou ver luisant (coléoptère), à l'agrandir au moyen d'un microscope et à la photographier (fig. 54). Elle nous montre, vus à travers l'œil dudit insecte, une fenêtre — on en reconnaît la croisée, et la lettre *R* qu'on a collée sur une des vitres — et un clocher à l'arrière-plan. La raison pour laquelle on a choisi ce petit insecte, c'est que la partie antérieure des éléments de son œil est résistante et ne s'abîme pas lorsqu'on fait sauter celui-ci à l'aide d'un fin petit couteau. On arrive de la sorte à séparer de la rétine la masse des ommatidies, à examiner au microscope l'image qu'elles laissent passer ou à la photographier. Par rapport à ce que perçoit un œil humain normal, cette image paraît bien vague.

L'examen anatomique donne un résultat absolument analogue. En réfléchissant un peu, nous comprendrons que l'image rétinienne de l'œil d'insecte sera d'autant plus précise, reproduira d'autant plus de détails, que cet œil a à sa disposition plus d'éléments récepteurs, tout comme la fidélité de l'image figurée par une mosaïque et la richesse de ses détails sont en raison directe du nombre de pierres qu'on emploie à la réaliser. L'œil *A* de la figure 55 n'est pas à même de percevoir séparément les trois points situés devant lui, car tous trois sont englobés dans le rayon visuel d'une même ommatidie et n'impressionnent donc que le bâtonnet rétinien qui y correspond. L'œil *B*, lui, les départage, puisqu'ils parviennent à sa rétine par des éléments distincts l'un de l'autre. On voit donc que plus l'angle embrassé par l'unité optique est aigu, plus le pouvoir de résolution est grand. Chez l'abeille, cet angle vaut environ un degré ; elle ne peut donc pas distinguer l'un de l'autre deux points séparés par un intervalle de moins d'un degré. L'œil humain, lui, s'il est perçant, est capable de percevoir séparément deux points qui ne sont distants que d'une *minute* (= 1/60 degré) l'un de l'autre. L'acuité visuelle des abeilles est donc beaucoup moins bonne que la nôtre.

Celui qui aime les abeilles devra bien convenir que pas mal de détails de la nature, aux formes si harmonieuses, échappent à ses insectes préférés. Sans doute voudra-t-il cependant se rendre exactement compte de la mesure dans laquelle il en est bien ainsi. Comme les abeilles ne peuvent

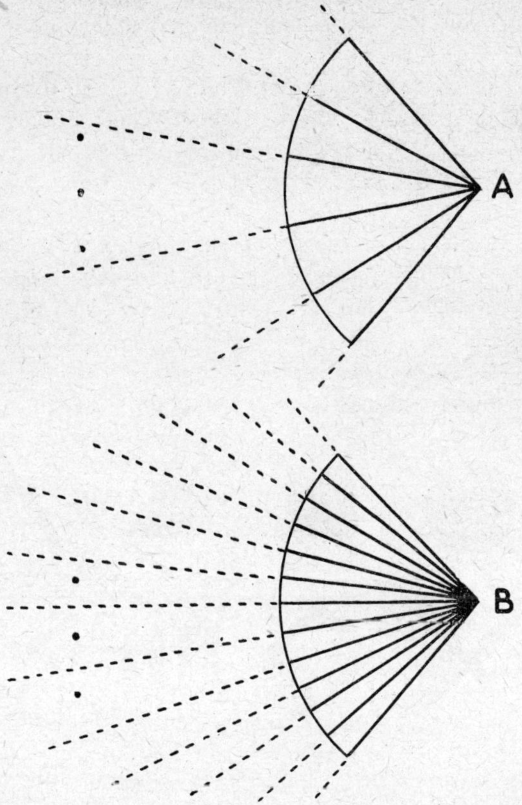

Fig. 55. — Relation entre l'acuité visuelle de l'œil de l'insecte et le nombre de ses ommatidies.

pas nous le dire, c'est à des expériences de dressage que nous devons faire appel pour nous renseigner.

On peut ainsi apprendre facilement aux ouvrières à distinguer l'un de l'autre sans la moindre hésitation les deux dessins de la figure 56. En poursuivant ces essais, il apparut néanmoins qu'elles se basent principalement, pour ce faire, sur d'autres critères que nous. C'est par l'emploi de formes géométriques que nous nous en rendons le mieux compte. Malgré un long dressage, les abeilles n'arrivent pas à faire la distinction entre différentes figures qui nous frappent pourtant dès l'abord, tant est tranché leur caractère, comme un triangle, un cercle, un carré et un rectangle (fig. 57, rangée supérieure). On est encore plus étonné en constatant qu'elles confondent aussi toutes celles de la rangée inférieure.

Fig. 56. — Modèles que les abeilles distinguent facilement et avec assurance l'un de l'autre.

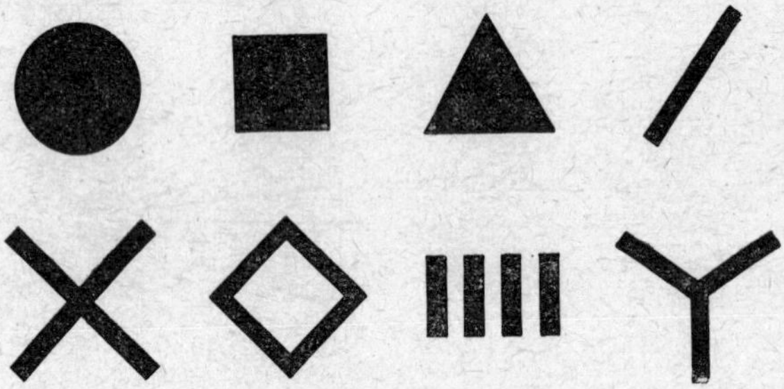

Fig. 57. — Les abeilles ne parviennent pas à distinguer entre elles les figures de la rangée supérieure, ni celles de la rangée inférieure. En revanche, elles distinguent clairement chaque figure de la rangée du dessus de chacune de celles de la rangée du dessous.

Par contre elles sont capables de distinguer rapidement et sûrement chacune des figures du dessus de chacune de celles du dessous. Ces expériences furent variées à l'infini et nous permettent de conclure qu'il y a, dans ces figures, un caractère qui, s'il nous paraît accessoire, a pour les abeilles une signification primordiale : leur degré de division. Tous les modèles très découpés, aux contours très développés, d'une part, et tous ceux qui sont massifs, dont les bords sont tranchants, d'autre part, paraissent très semblables à l'abeille, sinon identiques. C'est ce qui fait que lorsqu'on essaye de les exercer à reconnaître les formes, elles n'arrivent pas à résoudre bon nombre de problèmes qui nous paraissent des plus simples.

La manière, si différente de la nôtre, dont les abeilles voient les formes est en rapport avec le fait que leurs yeux sont immobiles. En effet, l'abeille ne peut pas faire pivoter ses yeux et ne peut donc diriger son regard vers un objet qui serait précisément susceptible de l'intéresser. Les 8 à 10 000 ommatidies qu'elle possède sont solidement fixées à sa tête et orientées dans toutes les directions (cf. fig. 52, p. 100). Lorsqu'elle vole, elle aperçoit d'un seul coup tout le panorama qui l'entoure et qu'elle surplombe. Les objets qui défilent ainsi sous elle envoient donc à ses yeux des impressions qui changent continuellement et très rapidement.

Si, dans une chambre obscure, nous faisons se succéder des éclairs lumineux à peu d'intervalle l'un de l'autre, nous aurons une impression de *scintillement*. Lorsque ces éclairs se suivent à plus de 20 par seconde, notre œil ne les sépare plus et ils se fondent en une clarté qui nous paraît continue. C'est d'ailleurs ce dont le cinéma tire parti, en envoyant sur l'écran 22 à 25 images par seconde, ce qui donne à l'œil l'illusion d'un mouvement ininterrompu ; nous ne remarquons même pas que l'obscurité règne pendant une fraction de seconde chaque fois que le film passe d'une image à une autre. S'il existait un cinéma dans la ruche, il faudrait que l'appareil fonctionne tout autrement. Pour que les abeilles n'aient pas à se plaindre d'un « scintillement », il serait nécessaire de faire passer plus de 200 images par seconde. En effet, pendant un même intervalle de temps, leur œil peut percevoir séparément environ 10 fois plus d'impressions que le nôtre. Il convient donc particulièrement bien à la vision des mouvements, et est merveilleusement équipé pour saisir les stimuli qui changent rapidement, lorsque défilent sous lui les objets inertes qu'il survole. Son *pouvoir séparateur*, peu prononcé *dans l'espace* (voir p. 105), est compensé par un surprenant *pouvoir de résolution dans le temps.* On comprend donc que les abeilles fassent moins attention à des formes inertes et à des surfaces bien délimitées qu'aux changements qui s'opèrent dans leur champ visuel, et que ce soient les images très découpées qui les frappent surtout.

Il faudra bien nous accommoder de cette explication. Espérer arriver à une certitude, et voir vraiment, ne fût-ce qu'un instant, le monde tel que le voient les abeilles, ne seront jamais que de vains souhaits.

PERCEPTION DE LA LUMIÈRE POLARISÉE

La plupart des gens ne connaissent rien de ce qui concerne la « lumière polarisée ». Ils ne s'y intéressent d'ailleurs pas, car ce n'est que lorsque nous avons recours à un appareil spécialisé que nous pouvons nous convaincre de la fréquence avec laquelle nous voyons une telle lumière, sans même nous en rendre compte.

A l'école, nous avons appris que l'on considère la lumière comme un mouvement d'ondes, qui se propage à une vitesse prodigieuse à travers l'espace ; on nous a dit aussi que cette lumière vibrait transversalement par rapport à la direction de propagation du rayon (ondes transversales), et que, dans la lumière solaire naturelle, le plan de vibration pouvait non seulement être quelconque, mais encore qu'il se modifiait continuellement, très vite et de façon désordonnée. Le gros point de la figure 58 *a* représente un rayon lumineux venant vers nous, et les flèches figurent certaines des directions, toutes divergentes, suivant lesquelles se font les vibrations. Dans le cas de la *lumière polarisée*, toutes les vibrations sont orientées de façon bien déterminée et se trouvent dans *un seul et même* plan (fig. 58 *b*).

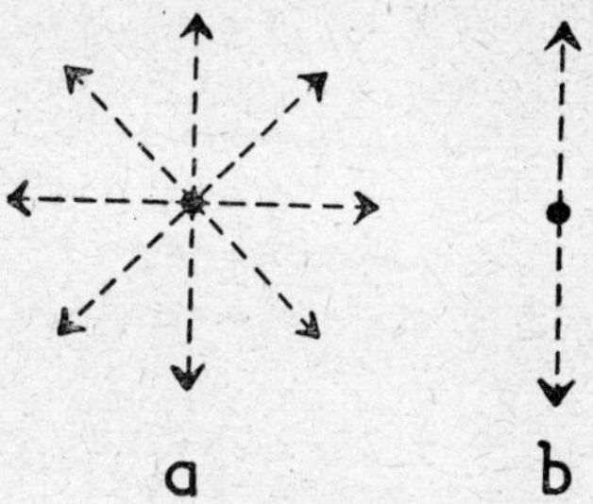

Fig. 58. — Schéma destiné à faire comprendre la différence qui existe entre *a* la lumière naturelle et *b* la lumière polarisée (voir texte).

La lumière polarisée est loin d'être rare dans la nature. La lumière du soleil, réfléchie par un miroir, une nappe d'eau ou une rue humide, est partiellement polarisée, et même complètement dans certaines conditions ; une telle lumière abonde encore dans le ciel bleu ; nous ne le remarquons pas, parce qu'il n'existe, pour notre œil, aucune différence entre la lumière normale et la lumière polarisée. Mais pour les yeux des insectes et des autres arthropodes, la lumière polarisée constitue quelque chose de bien particulier. Ces animaux peuvent même reconnaître la direction de ses vibrations et se fonder sur elle pour s'orienter dans l'espace (voir pp. 130 et ss.). Il en va de même pour nos abeilles, chez lesquelles cette faculté n'a cependant été découverte que depuis quelques années.

Il y a également des moyens d'obtenir de la lumière artificiellement polarisée, par exemple à l'aide d'un prisme de Nicol. Récemment, on a même fabriqué de grandes lames transparentes, des « polaroïdes », qui polarisent complètement la lumière qui les traverse. De tels moyens permettent de voir facilement si une lumière, dont nous ne connaissons pas du tout la nature, est polarisée et, dans ce cas, quelle est la direction de ses vibrations. C'est ce que pourra nous expliquer la figure 59. On a découpé, dans un polaroïde, des bandes longitudinales, telles que la direction des vibrations de la lumière qui les traverse soit parallèle à leur grand axe. Nous ne pouvons pas nous rendre compte tout de suite de ce que cette lumière est polarisée, ni dans quelle direction elle l'est. Nous ne remarquons rien non plus lorsque, devant le premier filtre, nous en plaçons un second qui soit orienté

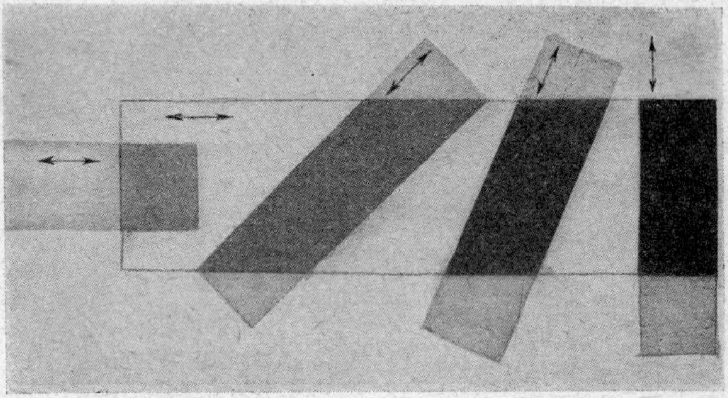

Fig. 59. — On superpose des polaroïdes, dont la direction de vibration est indiquée par une flèche double, et on leur fait prendre des positions de plus en plus proches de la perpendicularité. Extinction progressive de la lumière.

dans le même sens que lui ; dans ce cas, en effet, la lumière polarisée par le premier polaroïde traverse sans entraves le second. Certes, la zone de recouvrement nous paraîtra un peu moins transparente que le reste, parce que les polaroïdes sont légèrement colorés, et que deux épaisseurs absorbent évidemment plus de lumière qu'une seule. Mais si nous faisons tourner les deux lames l'une par rapport à l'autre, la lumière qu'elles laissent passer deviendra de plus en plus sombre, et la perpendicularité des deux polaroïdes amènera son extinction totale. En effet, en position croisée la seconde lame est imperméable aux vibrations qu'a laissé passer la première, tandis qu'en position oblique une partie de la

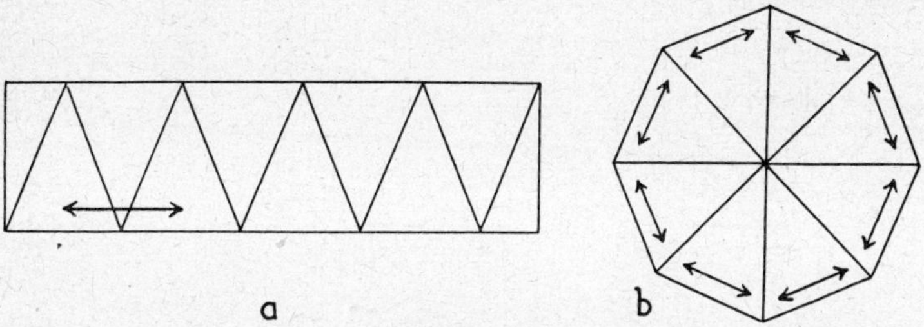

a b

Fig. 60. — *a* Découpage du polaroïde, en vue de réaliser le dispositif en étoile. *b* polaroïde en étoile. Les doubles flèches indiquent la direction de vibration de la lumière polarisée.

lumière arrive à traverser le second polaroïde, donnant un éclairement dont l'intensité est d'autant plus faible que les directions des vibrations tamisées par les deux lames s'écartent l'une de l'autre.

a *b*

Fig. 61. — *a* Vue d'une plage claire émettrice de lumière naturelle, au travers d'un polaroïde en étoile ; *b* vue, au travers d'un même polaroïde, d'une plage claire émettrice de lumière polarisée, dont la direction de vibration est indiquée par la flèche double.

Un dispositif quelque peu différent se rapprochera davantage de ce que l'on observe dans l'œil de l'insecte : découpons dans un polaroïde des triangles isocèles tels que la direction de vibration de la lumière qui les traverse soit parallèle à leur base ; disposons alors ces triangles en étoile (fig. 60). Si, au travers d'un tel polaroïde, nous regardons

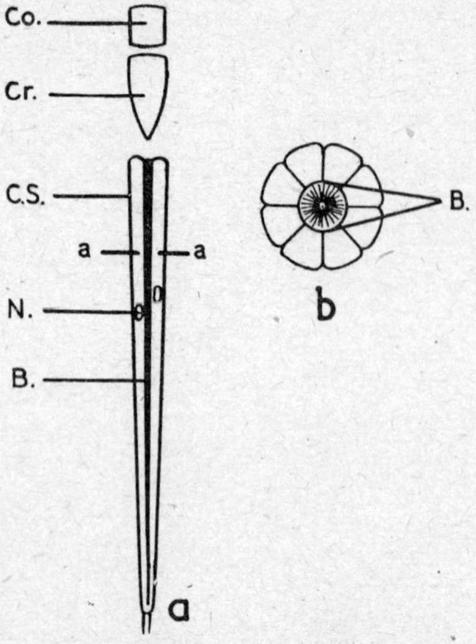

Fig. 62. — *a* Ommatidie isolée à partir d'un œil d'abeille (cf. fig. 52) très fortement agrandie. *b* coupe tranversale d'une ommatidie selon le tracé a-a. Grossissement encore plus considérable. *C S* cellules sensorielles, *N* noyau de la cellule sensorielle, *B* bâtonnet visuel (partie la plus interne, et probablement photosensible, de la cellule sensorielle), *Cr* cristallin, *Co* cornée (revêtement de chitine).

une plage claire qui émet de la lumière naturelle, tous les triangles nous paraîtront également lumineux (fig. 61 *a*), et nous ne nous apercevrons pas qu'ils ont polarisé la lumière ni que celle-ci vibre dans différentes directions. Mais si la surface que nous observons émet de la lumière polarisée, nos triangles donneront naissance à une image toute en contrastes (fig. 61 *b*), dans laquelle l'intensité d'éclairement de chaque secteur sera fonction de la direction de vibration de la lumière qui y passe ; la figure 59 nous explique très bien le mode de formation de cette image.

L'œil à facettes tire parti d'une disposition semblable pour détecter le plan de vibration de la lumière polarisée. Nous avons dit (p. 101) que la lumière captée par chaque ommatidie parvenait à un bâtonnet rétinien. Un examen plus approfondi et un très fort grossissement nous révèlent que chacun de ces bâtonnets rétiniens est constitué d'un groupe de 8 cellules sensorielles, dont l'ordonnance rappelle tout à fait celle de notre polaroïde en étoile (fig. 62). L'analogie ne se borne pas à ce caractère morphologique : elle s'étend à la manière dont se transmet, au sein de l'ommatidie, le plan de vibration de la lumière. Voilà donc manifestement l'appareil qui rend l'œil à facettes supérieur au nôtre, lui permettant de percevoir la lumière polarisée.

X

SENS DE L'ORIENTATION

Nous nous trouvons devant un grand rucher. Vingt colonies y sont logées les unes à côté des autres, toutes les ruches ayant le même aspect. Des milliers d'ouvrières, rapides comme des flèches, traversent l'air en vrombissant et partent butiner ; d'autres rentrent, volent résolument, sans l'ombre d'une hésitation, vers la ruche qui est la leur et disparaissent dans son trou de vol. Attrapons-en une qui se prépare justement à entrer dans sa ruche, marquons-la d'une tache de couleur, enfermons-la dans une petite boîte, promenons-nous une demi-heure avec elle, loin du rucher, puis rendons-lui la liberté. Un observateur que nous aurons laissé en faction près des ruches nous annoncera que l'abeille marquée est rentrée à la sienne quelques minutes à peine après avoir été lâchée.

On est tenté de croire à une force magnétique qui guide, avec tellement d'assurance et à des kilomètres de distance, l'abeille vers la ruche d'où elle provient. Mais si nous l'étudions de plus près, ce phénomène nous paraît moins prodigieux.

Une jeune ouvrière, qui soigne encore le couvain et qui

n'a jamais quitté la ruche, ne retrouve pas celle-ci lorsqu'on la lâche, même si on la fait voler dans son voisinage immédiat. Il faut d'abord qu'elle apprenne à connaître les environs. C'est ce qu'elle fait lorsque, vers le dixième jour de sa vie (cf. p. 54), elle effectue son premier vol. Il dure à peine six minutes et ne vise pas les fleurs ou d'autres buts productifs, mais exclusivement la connaissance de la situation de leur ruche d'origine et de ses alentours. Les abeilles sont rapides. Il ne leur faut que deux minutes pour voler à un kilomètre de distance. Et, lors de leur vol d'orientation, elles sont très attentives. En effet, quand on les capture après une seule sortie et qu'on les lâche quelque part dans les environs, beaucoup retrouvent déjà le chemin de retour à partir d'endroits distants de plusieurs centaines de mètres.

Au premier vol d'orientation en succèdent quelques autres ; de la sorte, elles connaissent bientôt toute l'étendue d'une zone de survol pouvant comprendre plusieurs kilomètres dans toutes les directions. Placées en des endroits plus éloignés, même les vieilles récolteuses ne retrouvent plus leur chemin. Il ne s'agit donc pas d'un don inné ; chaque abeille apprend à s'orienter quant à la situation de la ruche dont elle provient.

Il y a d'ailleurs un autre facteur qui cadre beaucoup mieux avec notre expérience personnelle en ce qui concerne l'orientation, qu'avec la prétendue force mystérieuse qui ramène les abeilles à leur ruche : c'est qu'elles se fourvoient très fréquemment ! Nous ne savons évidemment pas s'il arrive souvent que des abeilles qui ne s'orientent qu'imparfaitement ne retrouvent plus leur ruche et périssent dehors. Mais ce que nous savons avec certitude, c'est qu'arrivées à un grand rucher dont toutes les ruches se ressemblent, elles entrent fréquemment dans une autre que la leur. Il existe un moyen bien simple de s'en persuader : ouvrons une ruche et marquons de taches blanches quelques centaines de ses abeilles. Quelques jours après, on peut voir que nombre d'ouvrières ponctuées de blanc travaillent pour des colonies voisines ou même parfois situées, dans le rucher, à bonne distance de la ruche dont elles sont issues.

Beaucoup d'apiculteurs sont au courant de cet état de choses, et n'en sont pas enchantés du tout, car les gardiennes ne laissent pas toujours entrer sans les inquiéter les abeilles étrangères, identifiables à leur odeur. Le trou de vol devient alors souvent le théâtre de morsures et de piqûres, des abeilles meurent, ou perdent un temps précieux que l'éleveur préférerait de loin voir consacré à la récolte du miel. C'est vraiment grave, lorsque la reine se trompe de ruche au retour de son vol nuptial. Pour elle, cela signifie la mort, et pour sa colonie, la ruine, si une nouvelle reine n'entre pas rapidement en lice.

C'est pour cela que, depuis longtemps, beaucoup d'apiculteurs ont l'habitude de badigeonner la face antérieure de leurs ruches de couleurs différentes, pour que les abeilles reconnaissent plus facilement leur demeure et pour prévenir les méprises dans ce domaine. Comme les avis sont cependant partagés sur la question de savoir si cette mesure présente une utilité pratique, la méthode est loin d'être universelle. Aujourd'hui, nous savons que le fait de peindre les ruches en diverses couleurs constitue un moyen excellent pour empêcher que les abeilles n'aillent s'égarer dans d'autres demeures que la leur. Mais nous connaissons aussi la raison pour laquelle on en a si souvent douté. C'étaient les yeux des hommes qui avaient choisi les couleurs destinées à ceux des abeilles. Quand un éleveur plaçait les unes à côté des autres une ruche jaune, une verte et une orangée, ou bien une bleue, une pourpre et une violette, ou encore une rouge et une noire, cela ne pouvait évidemment pas donner de résultat, car pour les abeilles ces couleurs étaient les mêmes.

L'IMPORTANCE DE LA COULEUR ET DE L'ODEUR, EN TANT QUE GUIDES UTILISÉS PAR L'ABEILLE QUI RENTRE A LA RUCHE

Ce n'est que l'expérience, et non la réflexion, qui peut nous dire dans quelle mesure des couleurs judicieusement choisies aident les abeilles à reconnaître leur ruche et à s'orienter.

Il convient, dans ce dessein, d'avoir à sa disposition un grand rucher dont toutes les ruches ont le même aspect. Dans un secteur, une rangée de celles-ci sont vides. Recouvrons la face antérieure de l'une d'elles avec une plaque de tôle bleue, et faisons de même pour sa planchette d'envol (fig. 63 *a*, ruche n° 4). De même, donnons à la ruche n° 5 qui est à droite de la première un revêtement jaune, tandis que nous laisserons celle qui est à gauche (n° 3) dans l'état où elle est, avec la couche de peinture blanche dont est pourvu tout le rucher. Introduisons maintenant une colonie dans la ruche bleue, et attendons quelques jours. L'abeille est capable de distinguer le bleu, le jaune et le blanc. Si les abeilles qui sont sorties reconnaissent leur ruche à sa teinte bleue, on peut s'attendre à ce que, si nous permutons les tôles bleues et jaunes, elles aillent s'égarer dans la ruche qui était jaune. Une mesure de précaution s'impose cependant. Pendant les jours précédents, d'innombrables abeilles se sont posées sur la tôle bleue, surtout sur celle qui recouvre la planchette d'envol, en quittant la ruche ou en y rentrant. Ces tôles ont donc pris peu à peu une odeur d'abeille ; notre nez lui-même la perçoit distinctement. Si nous nous bornons à permuter les tôles, en mettant donc la bleue sur la ruche vide et la jaune sur celle qui est habitée, et si alors les ouvrières qui reviennent de butiner pénètrent dans celle qui est bleue, donc vide, nous ne saurons pas si c'est la couleur de la tôle ou son odeur qui les y aura attirées. Comme

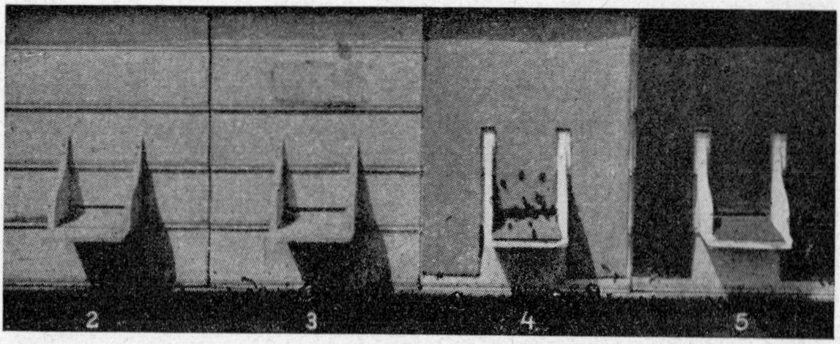

a

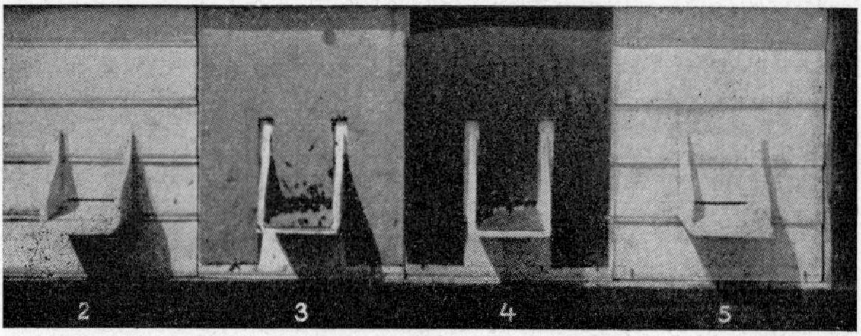

b

Fig. 63. — Démonstration de l'utilisation, par les abeilles, de la couleur de leur ruche pour leur orientation. *a*) Disposition normale à laquelle les abeilles sont habituées. La ruche n° 4 est habitée et camouflée en bleu, la n° 5 est vide et camouflée en jaune ; les numéros 2 et 3 ne sont pas camouflées (blanc) et sont vides. Les plaques métalliques sont peintes, au dos, dans la couleur complémentaire. *b*) La ruche n° 4 a été rendue jaune en retournant les plaques ; les plaques du n° 5 furent retournées (bleu) et fixées à la ruche n° 3. A leur retour, toutes les abeilles entrent dans la ruche n° 3, inhabitée, qui est devenue de teinte bleue.

ce n'est pas la première fois que nous éprouvons cette difficulté, nous avons peint en jaune l'envers de la tôle bleue, et en bleu celui de la jaune. Nous n'avons donc plus besoin d'échanger les plaques : il nous suffit de les retourner pour que la ruche habitée devienne jaune et sa voisine bleue, sans que l'odeur de l'une passe à l'autre.

Comme les abeilles, lorsqu'elles arrivent en volant, sont également attentives aux ruches voisines, nous nous arrangeons de façon à laisser inchangée la situation par rapport aux couleurs voisines : nous retournons les plaques de la ruche habitée n° 4 et ainsi nous transformons sa couleur bleue en jaune. Nous enlevons les tôles de la ruche voisine de droite et nous les fixons, retournées, à la ruche voisine de gauche, qui apparaît ainsi en bleu.

L'ordre des couleurs est ainsi respecté, puisqu'il y a une ruche blanche à gauche de la bleue et une jaune à droite, ce à quoi les abeilles sont habituées. Le résultat est surprenant : toutes les abeilles qui s'étaient rassemblées devant le rucher pendant le temps qu'avait exigé le déplacement des tôles, s'introduisent sans hésiter un instant dans la mauvaise ruche, induites en erreur par sa teinte bleue, et il en est de même pendant les minutes qui suivent (fig. 63 *b*) ; toutes les abeilles qui partent butiner débouchent de la ruche jaune, toutes celles qui reviennent entrent dans la bleue.

Ceci nous montre clairement qu'un jeu de couleurs adéquat a une influence décisive sur la façon dont les abeilles s'orientent, une fois arrivées au rucher. Ce que l'expérience nous apprend se trouve en grande partie confirmé par la réalité. Si l'on donne aux ruches d'un élevage des couleurs entre lesquelles l'œil des abeilles puisse bien voir la différence, il est rare qu'une de ces bêtes se fourvoie. Si l'on se met alors de nouveau à marquer avec de la couleur quelques centaines d'individus d'une même ruche, on verra, pendant des jours et des semaines, qu'ils resteront fidèles à cette dernière. De même la reine, au retour du vol nuptial et lors des vols d'orientation qui le précèdent, s'oriente aisément. Depuis 1920, les moines de l'abbaye de Sainte-Odile, en Bavière, ont consciencieusement consigné dans leurs livres des notes sur toutes les reines de leur admirable rucher. En 1920 et 1921, leurs ruches n'étaient pas encore peintes en diverses couleurs. Au cours de ces deux seules années, 16 jeunes reines sur 21 furent perdues. Toutes les ruches furent alors badigeonnées d'une couche de couleur convenable, c'est-à-dire en rapport avec ce que nous savons de la vision des couleurs chez l'abeille. Pendant les cinq années suivantes, il n'y eut que 3 reines perdues sur 42.

Si l'apiculteur désire mettre à profit ces connaissances, qu'il soit attentif au fait suivant : les couleurs que l'abeille distingue bien les unes des autres sont le *bleu*, le *jaune*, le *noir* et le *blanc* [1]. Il ne doit donc pas en utiliser d'autres. Puis il devra faire en sorte qu'entre deux ruches de même couleur situées sur une même rangée, il y en ait au moins deux dont les couleurs soient différentes. Ensuite, là où reviennent les mêmes couleurs, il faut éviter que se répète l'ordre de celles qui les encadrent. En effet, les couleurs voisines de leur ruche, et leur disposition par rapport à celle-ci, constituent également des repères, grâce auxquels les abeilles s'orientent. Il ne convient pas de peindre uniquement les planchettes d'envol, il faut au contraire que

1. On peut, en utilisant la *céruse* et l'*oxyde de zinc*, augmenter d'une unité le nombre des couleurs disponibles. Pour notre œil, ces deux « blancs » sont identiques, mais la céruse renvoie fortement les rayons ultra-violets, invisibles pour nous, alors que l'oxyde de zinc les absorbe. La céruse doit donc paraître blanche aux abeilles aussi, puisqu'elle réfléchit uniformément tous les rayons visibles pour elles ; en revanche, le blanc de zinc doit leur sembler bleu-vert comme les fleurs blanches dont nous avons parlé p. 91 : et effectivement, des expériences ont montré que les abeilles distinguent l'une de l'autre ces deux couleurs blanches. — L'utilisation d'autres couleurs blanches est à déconseiller, car elles n'absorbent ni ne renvoient totalement l'ultra-violet ; il est donc difficile de se rendre compte de la façon dont l'œil de l'abeille les voit. Les échecs enregistrés par des apiculteurs qui avaient peint certaines de leurs ruches en blanc, peuvent être imputables à ces couleurs dont l'effet est sujet à caution. — Il existe probablement une peinture apparaissant comme ultra-violette aux abeilles. Cette question demande encore à être étudiée davantage et soumise à des épreuves effectives.

toute la paroi antérieure de la ruche soit enduite de couleur. Si l'on s'en tient à ces règles (fig. 64), on apportera aux abeilles toute l'aide que nous permettent nos connaissances actuelles, pour retrouver leur ruche.

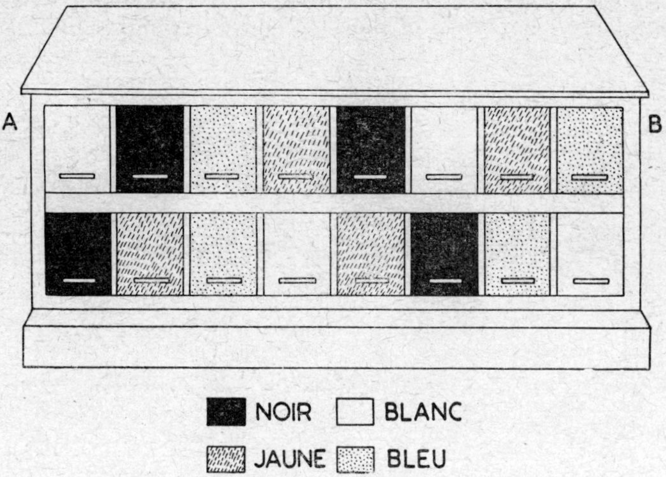

Fig. 64. — Modèle dont le choix et la disposition des couleurs sont de nature à permettre aux abeilles de retrouver leur ruche aussi facilement que possible.

Mais la couleur n'est pas le seul et unique point de repère des abeilles. Dans les ruchers qui ne sont pas peints, elles s'y retrouvent d'après la distance qui sépare leur ruche du coin le plus proche ou d'après d'autres indices visuels. Cependant, c'est avant tout l'odeur de la colonie dont elles font partie, qui les guide. Le rôle de l'odeur produite par l'organe odorant des ouvrières est certainement très important ; nous verrons plus loin sa signification en tant que moyen de signalisation d'un endroit où la récolte est abondante (cf. pp. 150 et ss.).

Les abeilles font aussi un usage visible de cet organe odorant dans leur ruche d'origine, dès qu'il devient particulièrement important de marquer leur habitation. Il en est ainsi dès les premiers jours de vol, tout au début du printemps, quand le souvenir des images concernant la situation de la ruche a été estompé par le long repos hivernal, ou lors de l'installation d'un essaim dans sa nouvelle habitation.

Fig. 65. — Abeilles ventileuses : des abeilles installées aux environs du trou de vol en marquent l'emplacement par le parfum qu'elles émettent en faisant saillir leur organe odorant. D'un frémissement des ailes, elles créent un courant aérien qui envoie le parfum, caractéristique de la ruche, à la rencontre de leurs congénères qui rentrent au gîte. (Photo E. SCHUHMACHER.)

On peut voir les « ventileuses » installées dans l'orifice et sur les planchettes d'envol, la tête tournée vers la ruche et l'abdomen pointant en l'air tandis qu'elles maintiennent entrouverte la fente par laquelle s'échappe leur parfum, qu'elles envoient, d'un frémissement des ailes, à la rencontre des ouvrières qui arrivent (fig. 65).

L'apiculteur dit que les abeilles encensent. L'odeur répandue à cette occasion est identique dans les différentes colonies. Elle signale donc seulement : « voici des abeilles » et non « voici ta colonie ». Certes, cette odeur était plus utile jadis, lorsque les abeilles s'établissaient en ordre dispersé dans les arbres creux de la forêt, qu'aujourd'hui avec nos ruchers où les colonies sont agglomérées comme les habitations des hommes dans une grande ville. Là — abstraction faite de marques optiques —, seule l'odeur spécifique, mais faible, de leur ruche leur permet de s'assurer si elles s'adressent à la bonne porte. Cette odeur a son caractère propre, selon les espèces de miel et de pollen et beaucoup d'autres composantes à peine étudiées, comme il en est, pour un nez attentif, de toute habitation humaine.

LA BOUSSOLE CÉLESTE

Les Vikings ne connaissaient pas la boussole. Au cours de leurs longs voyages en mer, ils se dirigeaient d'après le soleil, la lune et les étoiles.

Il y a deux façons de se servir des astres pour s'orienter, selon qu'il s'agit d'un court intervalle de temps ou d'un long voyage. Supposons que nous nous trouvions, en invités, dans une maison de campagne isolée, située dans une région que nous ne connaissons pas du tout, et que nous voulions chercher une autre maison qui se trouve à un quart d'heure de la première, d'où elle est invisible du fait des accidents de terrain. On nous en indique la direction. Si nous voulons ne pas perdre cette dernière, nous n'aurons qu'à faire en sorte de garder toujours, au cours de notre courte randonnée, la même position par rapport au soleil ; ainsi nous serons certains de nous déplacer en ligne droite. C'est d'ailleurs un procédé que les animaux utilisent fréquemment. On l'a d'abord observé chez les fourmis. Lorsque l'une de celles-ci quitte son nid pour entreprendre un tour de reconnaissance, elle progresse selon un angle bien déterminé par rapport au soleil, et suit par conséquent une ligne droite. Pour revenir, elle prend la position « en miroir », toujours par rapport au soleil. Une expérience aussi simple que convaincante nous prouvera que c'est vraiment d'après l'astre solaire qu'elle se dirige dans la campagne : au moyen d'un écran,

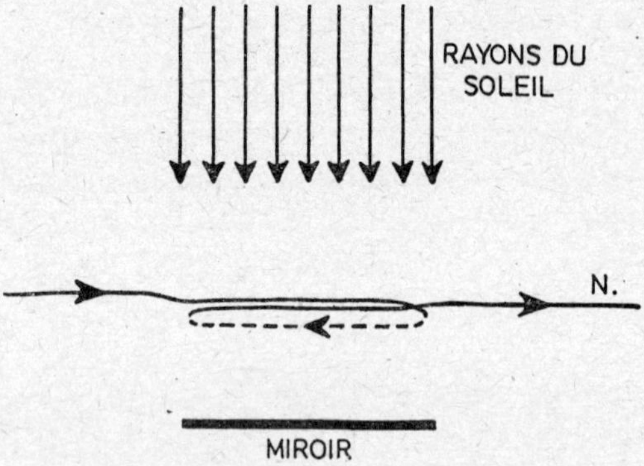

Fig. 66. — Expérience du miroir, mettant en évidence l'orientation d'après le soleil, chez les fourmis. En traits interrompus, chemin parcouru par la fourmi pendant qu'on projette sur elle le soleil réfléchi par le miroir. *N* nid.

cachons-lui le soleil lorsqu'elle rentre au nid, et, en même temps, grâce à un miroir, dirigeons sur elle les rayons du soleil qui proviendront cette fois du côté opposé ; elle modifie instantanément sa route et rebrousse chemin (fig. 66).

Pour des temps plus longs, la méthode n'est pas applicable, parce que le soleil, la lune et les étoiles changent de position. Si les Vikings n'avaient pas su que le soleil se trouve à l'est le matin, au sud à midi et à l'ouest le soir, ils auraient tourné en rond lorsqu'ils se trouvaient en haute mer. Il est réellement curieux de constater que les abeilles sont également capables de se servir du soleil comme d'un

a

b

Fig. 67. — Environs de la ruche, lors de l'expérience de transplantation. *a* vue vers l'est, depuis la table d'expérience (*F*) située à l'ouest. La ruche se trouve derrière des arbres et des maisons, le grand tilleul du milieu de la figure étant à mi-chemin de la distance que les abeilles ont à parcourir. *b* vue en direction de la ruche *après* son déplacement ; cette vue a été prise depuis la petite table (*F*) située à l'ouest. La ruche se trouve maintenant au milieu d'une étendue de prairies, derrière les deux petites formes qui, à droite de la figure, se détachent en clair sur la forêt sombre.

guide auquel elles peuvent vraiment se fier, puisqu'elles tiennent compte à la fois de la position qu'il occupe et de l'heure du jour. Elles ne possèdent pas d'horloge, mais un sens du temps, dont nous aurons encore à vanter les services (pp. 181 et ss.).

L'expérience qui suit nous prouve de façon irréfutable que c'est bien ainsi que les abeilles se servent de la position du soleil. Installons une petite table à 200 mètres à l'ouest de notre ruche d'observation et donnons-y, du matin au soir, de l'eau sucrée à 2 ou 3 douzaines d'abeilles numérotées. On aura versé un peu de parfum (de l'essence de lavande, par exemple) sur la table. Après quelques jours, fermons la ruche, tôt le matin, et transportons-la dans un cadre tout différent, à un certain nombre de kilomètres de là. A 200 mètres à l'ouest, à l'est, au nord et au sud, nous plaçons quatre tables identiques avec de l'eau sucrée et de l'essence de lavande. Près de chacune d'elles se trouve un observateur qui capture toutes les abeilles qui viennent se poser sur l'écuelle. La région choisie, très différente de la première, n'offre à l'œil aucun repère dont il puisse tirer parti pour situer les points cardinaux (cf. fig. 67, *a*, *b*). La ruche elle-même n'en offre pas non plus, puisque nous lui avons donné une autre orientation et que le trou de vol, primitivement dirigé vers l'est, est maintenant tourné vers le sud. Malgré cela, quelques-unes de nos abeilles numérotées, puis peu à peu la grande majorité d'entre elles, se présentent bien vite à la table située *à l'ouest*, alors que seulement très peu d'entre elles se trompent et vont aux tables placées aux trois autres points cardinaux. Il faut qu'elles se soient reportées à la position du soleil, puisque, partant à la recherche de l'endroit où l'on a l'habitude de leur donner à manger, elles ont encore pris, dans le paysage qui leur est complètement étranger, la même direction qu'auparavant. Or, au moment de la dernière récolte qu'elles ont effectuée la veille au soir, le soleil se trouvait à l'ouest, alors que maintenant il se trouve à l'est. Les abeilles ont donc tenu compte de l'orbite décrite par le soleil.

Pour qu'une telle expérience réussisse, il n'est d'ailleurs pas nécessaire de laisser les abeilles s'habituer pendant des jours entiers à l'endroit auquel on leur donne à manger. Une ruche d'observation fut installée dans la campagne, par

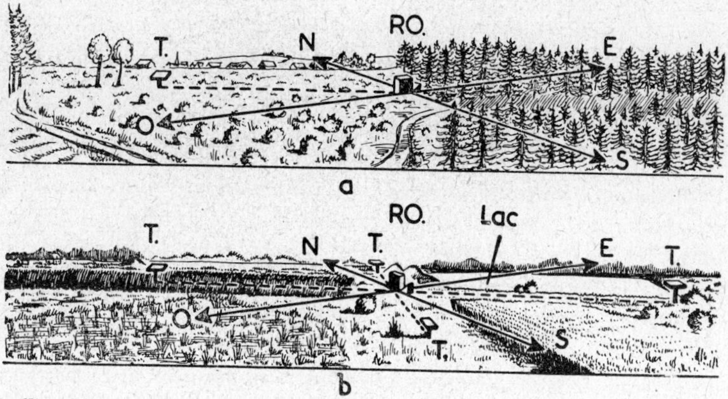

Fig. 68. — Autre expérience de transplantation. *a* la ruche d'observation (*RO*) *avant* son déplacement. *T* petite table, à 180 mètres de la ruche. *b* la ruche *après* son déplacement ; une petite table est placée à chacun des 4 points cardinaux.

une belle journée d'été, et le trou de vol n'en fut ouvert qu'à midi. De 3 à 4 heures de l'après-midi, 42 abeilles furent numérotées à une seule table d'expérience installée à 180 mètres au nord-ouest de la ruche ; ces mêmes abeilles reçurent à manger à cet endroit jusqu'à 8 heures (fig. 68 *a*). Lorsque la colonie à laquelle appartenaient ces abeilles se réveilla le lendemain matin, prête à entreprendre d'autres vols, elle se trouvait à 23 kilomètres de l'emplacement de la veille, et était cette fois-ci au bord d'un lac artificiel, dans un tout autre paysage. Et pourtant, parmi les abeilles qui avaient été marquées et nourries l'*après-midi*, il en vint, le *matin*, 15 à la table située à l'ouest, 2 au nord, 2 au sud, et pas une seule à l'est (fig. 68 *b*). La plupart d'entre elles s'y présentaient déjà entre 7 et 8 heures du matin. Il ne faut donc pas qu'elles apprennent d'abord par expérience que lorsqu'elles volent vers la table de l'ouest elles ont le soleil derrière elles tôt le matin et devant elles le soir.

Elles sont tellement familiarisées avec la position du soleil, à toute heure de la journée, que cet endroit à butiner dont elles se sont, le soir, mis en mémoire la direction d'après leur boussole céleste, elles le retrouvent aussi malgré la position différente du soleil matinal.

Cette « science » est-elle innée aux abeilles ? Ce pilotage, d'après la position du soleil, se fonde-t-il sur une tradition de leur race, remontant à des millions d'années et ancrée dans leur patrimoine héréditaire ? Non — et pourtant oui.

Sur ce point, on peut interroger les abeilles elles-mêmes. Lorsque l'on garde de jeunes abeilles dans une cave, où elles n'ont aucune possibilité d'observer la position du soleil, pour les placer ensuite dans un paysage découvert et les y dresser aussitôt pour une direction déterminée du ciel, l'on enregistre un échec le lendemain si on les déplace dans une région inconnue. Elles se montrent en effet incapables de retrouver la direction pour laquelle elles avaient été dressées. Elles ne peuvent y réussir qu'après avoir appris à connaître la course journalière du soleil, après avoir pratiqué le vol libre pendant plusieurs jours. C'est un arrangement très sage, car le parcours du soleil se modifie avec la saison. De plus, il ne reste pas le même lorsque la situation géographique diffère. Les êtres ailés peuvent se répandre sur la terre d'une façon relativement rapide. Partant, il leur serait peu propice d'être liés, héréditairement et irrémédiablement, à un schéma valable pour *un* endroit. Aujourd'hui l'homme n'hésitant guère à transporter ses pourvoyeuses de miel, d'une région

à l'a…
L'api…
abeill…
naître…

Or, …
les pe…
réussis…
une colonie …
et, pendant plusieurs … peuvent voler en plein a… observer le chemin que parcou… partie de la journée. Ensuite, on les dre… une région inconnue, pour une certaine direc… sole et on les transporte derechef, le lendemain mat… un autre paysage. Elles volent dans la direction pour laquelle elles ont été dressées. Par le seul parcours du soleil dans l'après-midi elles ont saisi toute la course qu'il accomplit en une journée. Comme les abeilles ne manifestent nullement une très grande sagacité dans d'autres circonstances de la vie, la nature les a sans doute dotées de dispositions particulières pour cet apprentissage vital. Dans ce sens, la tradition des générations passées doit avoir joué un rôle important, et l'on entrevoit donc l'intervention de l'hérédité.

La lune et les grandes constellations, qui aidaient les Vikings à se diriger pendant la nuit, ne sont d'aucun secours aux abeilles, puisque la nuit elles restent à la ruche. Mais le jour, lorsque le ciel est bleu, elles sont plus habiles que n'importe lequel de nos pilotes. En effet, leurs yeux perçoivent la lumière polarisée et même la direction dans laquelle cette lumière vibre. Nous savons déjà comment la lumière polarisée donne naissance, dans les cellules sensorielles de l'ommatidie, à une image (pp. 110, 111) dont les contrastes sont très accentués si la polarisation est complète, et le sont moins si elle n'est que partielle. La répartition

image se modifie de
le plan des vibrations.
polarisée dont l'intensité
dépendent de la position du

Fig. 69. — Polaroïde en étoile monté dans un cadre métallique de façon à pouvoir être orienté vers le ciel, dans n'importe quelle direction et à n'importe quelle altitude. La direction et l'inclinaison en sont indiquées par deux cadrans.

soleil et, pour une position donnée de ce dernier, sont caractéristiques de l'endroit du ciel que l'on considère. On pourra s'en convaincre aisément en ayant recours à un polaroïde en étoile (fig. 60, 61, pp. 110 et ss.), en le montant de façon qu'il puisse pivoter dans tous les sens (fig. 69) et en l'orientant vers différentes régions du ciel. Chacune de celles-ci donnera à l'autre, il en résulterait vite une confusion désespérée. L'apiculteur peut donc se tenir pour satisfait de ce que chaque abeille doive apprendre, durant sa prime jeunesse, à connaître la course du soleil, d'après les contingences locales.

Or, il est particulièrement remarquable qu'en l'occurrence, les petites astronomes se montrent éminemment douées et réussissent l'épreuve difficile que voici : durant la matinée, une colonie d'abeilles est constamment gardée dans la cave et, pendant plusieurs jours, ce n'est que l'après-midi qu'elles peuvent voler en plein air. Les jeunes abeilles ne peuvent observer le chemin que parcourt le soleil que durant cette partie de la journée. Ensuite, on les dresse l'après-midi, dans une région inconnue, pour une certaine direction de la boussole et on les transporte derechef, le lendemain matin, dans un autre paysage. Elles volent dans la direction pour laquelle elles ont été dressées. Par le seul parcours du soleil dans l'après-midi elles ont saisi toute la course qu'il accomplit en une journée. Comme les abeilles ne manifestent nullement une très grande sagacité dans d'autres circonstances de la vie, la nature les a sans doute dotées de dispositions particulières pour cet apprentissage vital. Dans ce sens, la tradition des générations passées doit avoir joué un rôle important, et l'on entrevoit donc l'intervention de l'hérédité.

La lune et les grandes constellations, qui aidaient les Vikings à se diriger pendant la nuit, ne sont d'aucun secours aux abeilles, puisque la nuit elles restent à la ruche. Mais le jour, lorsque le ciel est bleu, elles sont plus habiles que n'importe lequel de nos pilotes. En effet, leurs yeux perçoivent la lumière polarisée et même la direction dans laquelle cette lumière vibre. Nous savons déjà comment la lumière polarisée donne naissance, dans les cellules sensorielles de l'ommatidie, à une image (pp. 110, 111) dont les contrastes sont très accentués si la polarisation est complète, et le sont moins si elle n'est que partielle. La répartition des plages claires et sombres de cette image se modifie de façon bien déterminée lorsque varie le plan des vibrations. Or, le ciel bleu émet de la lumière polarisée dont l'intensité et la direction de vibration dépendent de la position du

Fig. 69. — Polaroïde en étoile monté dans un cadre métallique de façon à pouvoir être orienté vers le ciel, dans n'importe quelle direction et à n'importe quelle altitude. La direction et l'inclinaison en sont indiquées par deux cadrans.

soleil et, pour une position donnée de ce dernier, sont caractéristiques de l'endroit du ciel que l'on considère. On pourra s'en convaincre aisément en ayant recours à un polaroïde en étoile (fig. 60, 61, pp. 110 et ss.), en le montant de façon qu'il puisse pivoter dans tous les sens (fig. 69) et en l'orientant vers différentes régions du ciel. Chacune de celles-ci donnera une image particulière (fig. 70). Il nous faut donc bien nous rendre compte non seulement que les abeilles en vol assurent leur position grâce à la toute petite partie de leur œil qui fait directement face au soleil, mais qu'en même temps elles

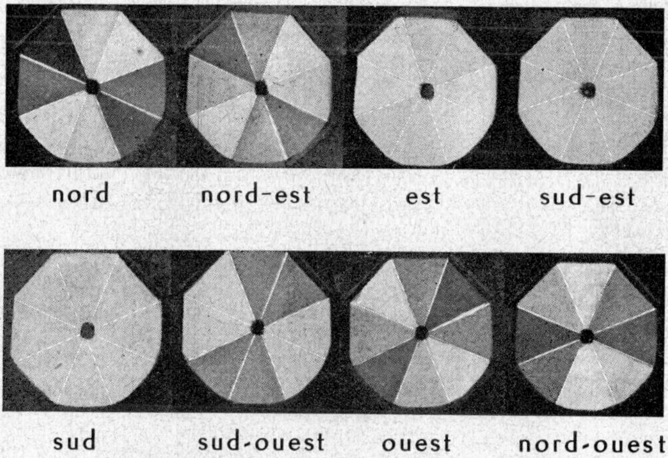

Fig. 70. — Images obtenues à travers le même polaroïde en étoile, orienté vers le ciel successivement dans 8 directions différentes. Hauteur par rapport à l'horizon : + 45°. Photographies prises le 25 septembre 1949, à 10 h.

voient, par leurs milliers d'ommatidies, toutes les images qui correspondent aux différentes régions du ciel et dont l'aspect dépend de la position du soleil. L'ensemble de leurs éléments visuels embrassent ainsi la voûte céleste tout entière, à laquelle ils sont en quelque sorte « optiquement ancrés », et la plus minime déviation par rapport à la direction adoptée est enregistrée de mille manières [1].

1. L'abeille ne verra sûrement pas séparément plusieurs milliers de petites étoiles, dont elle observait isolément les modifications. De même que notre conscience intègre, pour en faire une image unitaire, les impressions perçues

Si le soleil est caché par une montagne ou quelqu'autre écran, il suffit à l'abeille d'apercevoir un petit morceau de ciel bleu, la lumière polarisée que celui-ci émet lui permettant de maintenir sa direction aussi sûrement que si elle voyait le soleil lui-même [1]. Ce n'est que lorsque le ciel est couvert qu'est mis en défaut ce moyen-là de se diriger, parce que la lumière qui filtre à travers les nuages, à l'inverse de celle qui émane du ciel bleu, n'est pas polarisée. Toutefois, pour autant que ce ne soit pas une montagne qui leur dissimule le soleil, les abeilles nous sont à nouveau supérieures. C'est qu'en effet elles sont capables de voir le soleil même lorsqu'il existe un plafond de nuages absolument étanche qui le dissimule complètement à notre œil. Bien des commandants de navires ou d'aéronefs seraient en droit de leur envier cette aptitude, dont elles ne nous ont cependant pas encore révélé le secret.

COMPÉTITION ENTRE LE CIEL ET LA TERRE

Comme les abeilles se guident autant d'après le soleil et la lumière polarisée du ciel (qui en dépend) que d'après des signaux terrestres, l'on voudrait savoir lequel des deux procédés d'orientation revêt pour elles la plus grande importance. C'est en mettant ciel et terre en compétition que l'on peut l'apprendre. Là où l'on dispose d'un terrain se prêtant à ce projet, cela ne présente pas de difficulté.

par les cellules sensorielles des rétines de nos *deux* yeux, ainsi le cerveau de l'abeille élabore, de façon à donner naissance à une représentation globale relativement simple, les images en étoile qui se forment dans toutes ses ommatidies, travail dont nous ne pouvons évidemment nous représenter la nature exacte.

1. Les expériences qui ont permis d'établir ces faits, constituèrent la première démonstration de la perception de la lumière polarisée par l'œil de l'abeille, et sont traitées pp. 170 et ss.

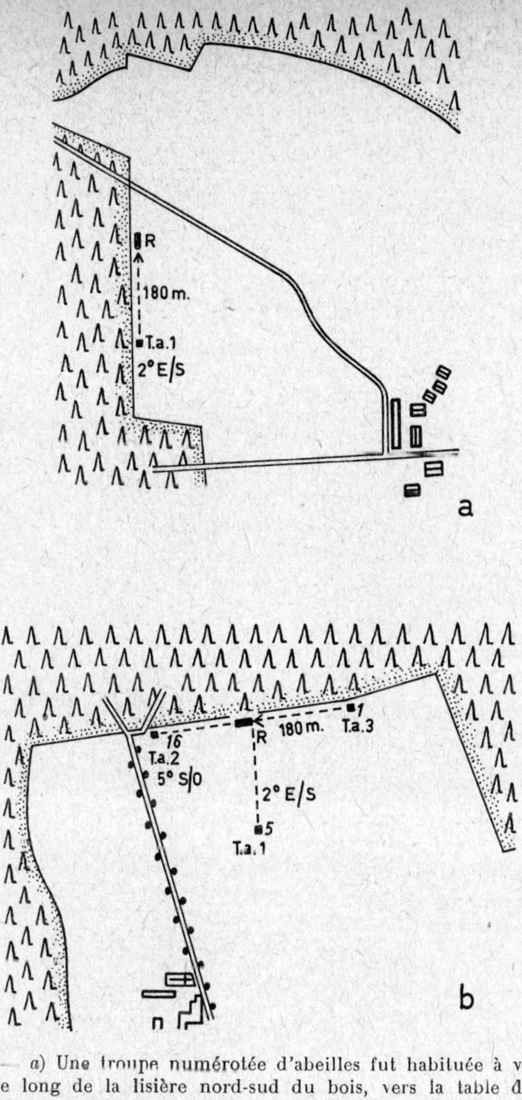

Fig. 71. — *a*) Une troupe numérotée d'abeilles fut habituée à voler de la ruche *R*, le long de la lisière nord-sud du bois, vers la table d'alimentation *Ta*. (Odenstockach, 6-7-53.) *b*) Transplantées le lendemain, à une autre lisière est-ouest, la plupart des abeilles utilisèrent comme repère de direction la lisière du bois et non la boussole céleste. *Ta 1*, *Ta 2*, *Ta 3* : emplacements des tables d'alimentation. 2° E/S = 2° à l'est du sud ; 5° S/O = 5° au sud de l'ouest, mention qui concerne la direction. *Ta 2 - R - Ta 3*. Les chiffres inscrits indiquent combien d'abeilles de la troupe numérotée apparurent à chaque table. (Möschenfeld, 7-7-53.)

On place une colonie à l'orée d'une forêt formant la limite d'une grande prairie découverte et l'on habitue une troupe numérotée à trouver son butin en un emplacement situé au sud, le long de la lisière (fig. 71 *a*). Le lendemain matin, on amène la colonie dans une région éloignée, inconnue, et on la place à une lisière très semblable mais qui suit une direction ouest-est (fig. 71 *b* et 72). La question se pose de savoir si les abeilles, suivant la boussole céleste, voleront vers le sud, dans le champ découvert, ou si elles utiliseront, comme fil conducteur, la lisière (qui, la veille, se trouvait toujours à leur droite lorsqu'elles volaient vers leur nourriture) pour prendre la direction de l'ouest ? Lors de l'expérience, c'est de loin le plus grand nombre qui a suivi la lisière. La figure 71 *b* montre l'emplacement des planchettes pourvues de nourriture et donne le nombre d'abeilles de la troupe numérotée qui s'y présentèrent et furent capturées lors de leur arrivée. Une deuxième expérience eut un résultat analogue, la ligne de vol conduisant à l'appât se trouvant à une distance de 60 mètres parallèlement à la lisière. Mais, lors d'une troisième expérience, la forêt étant distante de 210 mètres et sa hauteur n'apparaissant plus, du sol aux cimes, que sous un angle de 3 à 4 degrés (fig. 73), elle devint trop peu perceptible comme signal terrestre. Les indications liées au paysage cédèrent donc le pas à l'information céleste et, après avoir été déplacées dans ces conditions, les abeilles prirent leur envol en direction du sud, vers le champ découvert.

C'est ainsi que l'on peut opposer divers signaux terrestres à la position du soleil et mesurer leur importance respective en voyant si ce sont les indices d'origine terrestre ou céleste qui déterminent l'orientation. De même qu'une forêt proche, une route ou le cours d'une rivière sont d'excellentes lignes directrices, tandis qu'un arbre isolé ne prévaut pas sur les coordonnées célestes pour définir la direction du vol.

Fig. 72. — Vue prise de la ruche *St* en direction de la table *F 2*, après déplacement contre la lisière ouest-est.

Fig. 73. — Vue prise de la ruche d'observation en direction de la lisière, distante de 210 mètres. A cette distance, la lisière est déjà trop peu apparente pour pouvoir prévaloir comme signal conducteur sur la boussole céleste.

XI

COMMENT LES ABEILLES SE PARLENT

Dans les chapitres précédents, il fut plusieurs fois question d'expériences de dressage, qui nous ont éclairés sur la vie sensorielle des abeilles. Cependant, une condition doit être remplie : c'est que les abeilles que nous voulons dresser viennent à notre table d'expérience. Pour les y attirer, mettons sur la table quelques feuilles de papier, que nous enduisons abondamment de miel. La plupart du temps, il faut quelques heures, souvent même quelques jours, pour qu'une abeille en chasse arrive par hasard dans les environs, ait son attention attirée par l'odeur de miel, et se précipite vers l'aubaine inespérée, où elle s'en donne à cœur joie. Dès lors, nous avons gagné la partie, et pouvons déjà faire nos préparatifs, car nous pouvons être sûrs, non seulement que cette abeille-là reviendra quelques minutes plus tard, mais qu'au bout de peu d'heures nous en aurons des douzaines et même des centaines sur notre table. Si nous essayons de découvrir d'où elles viennent, nous verrons qu'elles appartiennent toutes, presque sans exception, à la colonie de celle qui est arrivée la première à la table. Il semble donc que celle-ci, revenue à la ruche, ait fait part de sa trouvaille d'une façon quelconque et y ait amené ses compagnes.

Nous voudrions bien savoir *comment* cela se passe. Il n'y a qu'un moyen de tirer la chose au clair, c'est de voir le comportement de l'ouvrière à son retour à la ruche, et l'attitude des autres à son égard. Ce n'est pas dans une ruche ordinaire que nous pourrons voir cela, mais bien dans notre ruche d'observation (cf. p. 50). Plaçons à côté de cette dernière notre petit récipient habituel. Marquons alors la pre-

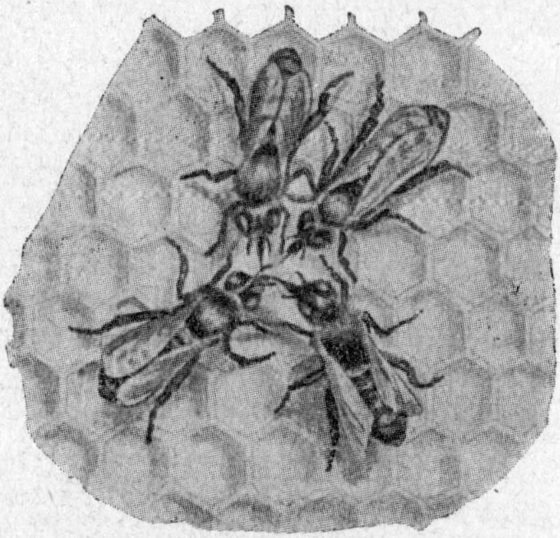

Fig. 74. — Ouvrière rentrée à la ruche (au-dessous à gauche, sur l'image), remettant son nectar à trois autres abeilles.

mière abeille qui y vient (cf. pp. 50 et ss.), de façon à la reconnaître dans le tumulte de la ruche et à ne pas l'y perdre de vue. On la voit maintenant entrer par le trou de vol et remonter les rayons ; bientôt elle s'immobilise quelque part, au milieu de ses congénères. Là, elle expulse de son jabot un peu de miel qu'elle a récolté ; celui-ci apparaît devant sa bouche sous forme d'une goutte brillante que deux ou trois abeilles aspirent immédiatement, leur langue tendue vers elle (fig. 74). Ce sont ces ouvrières qui veilleront à la bonne utilisation de ce miel ; elles circulent sur les rayons, donnent à manger, s'il le faut, aux bouches affamées qu'elles rencontrent, ou mettent le miel en dépôt dans les alvéoles — affaires d'ordre intérieur, auxquelles la pourvoyeuse ne s'arrête pas. Sur ces entrefaites se passe une scène bien digne d'être chantée par les grands poètes des abeilles. Mais ceux-ci n'en avaient pas encore connaissance. Il faudra donc que le lecteur se contente d'une description toute en prose.

OÙ L'ON DANSE POUR SE FAIRE COMPRENDRE

Après s'être débarrassée de sa charge, la pourvoyeuse entame une sorte de *ronde*. Elle se met à trottiner à pas rapides sur le rayon, là où elle se trouve, en cercles étroits, changeant fréquemment le sens de sa rotation, décrivant de la sorte un ou deux arcs de cercle chaque fois, alternativement vers la gauche et vers la droite. Cette danse se déroule au milieu de la foule des abeilles, et est d'autant plus frappante et attrayante qu'elle est contagieuse ; en effet, les ouvrières qui sont tout près de la danseuse commencent à trépigner derrière elle, s'efforcent de garder leurs antennes en contact avec son abdomen et la suivent tellement bien dans ses cabrioles qu'elles lui font comme une traîne, qui obéit sans cesse à ses mouvements frénétiques (fig. 75). Ce tourbillon peut durer quelques secondes, une demi-minute ou même une minute entière, puis notre danseuse s'arrête subitement et se dégage de sa suite, souvent pour aller régurgiter encore un peu de miel à un second endroit des rayons, même à un troisième, et y recommencer la même danse. Elle se dirige alors soudainement et en hâte vers l'orifice de la ruche, et vole vers le ravitaillement qu'elle a découvert, pour en ramener une nouvelle charge et répéter chaque fois la même scène.

Dans les conditions normales, la danse s'exécute dans

l'obscurité de la ruche close. Les autres abeilles ne peuvent donc voir la danseuse, et si elles remarquent son agitation et la suivent de près dans toutes ses évolutions, c'est exclusivement grâce à leurs perceptions tactiles et olfactives.

Que signifie cette ronde, maintenant ? Il est manifeste

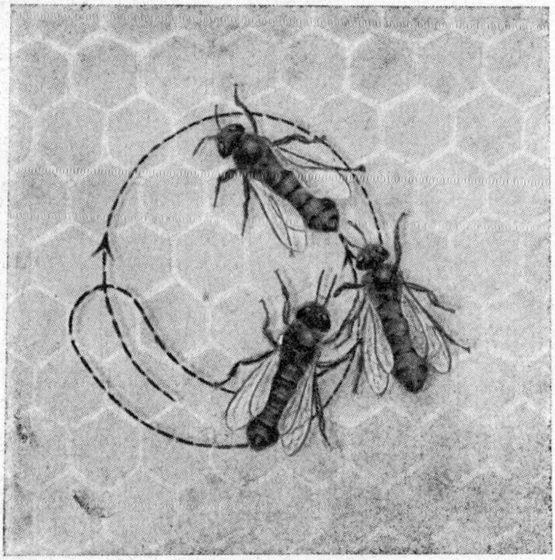

Fig. 75. — *a* Ronde effectuée sur le rayon par une abeille collectrice de nectar. La danseuse est suivie par deux abeilles qui trottinent derrière elle et captent son message. En traits interrompus, la trajectoire décrite au cours de cette danse.

qu'elle porte les abeilles voisines au comble de l'émoi. Si l'on regarde attentivement une des ouvrières qui escortent la danseuse, on peut observer qu'elle se prépare à l'envol, fait un brin de toilette, se faufile vers le trou de vol et quitte la ruche. Dès lors, il ne faut pas longtemps pour que d'autres abeilles viennent s'associer, sur notre table d'expérience, à la première qui l'a découverte. Les nouvelles venues dansent aussi, lorsqu'elles rentrent chargées à la ruche, et plus les danseuses sont nombreuses, plus il y a d'abeilles qui se pressent vers la table. La relation ne peut être mise en doute : la danse annonce dans la ruche la découverte d'une riche récolte. Mais comment les abeilles qui en sont averties trouvent-elles l'*endroit* où il faut aller la chercher ?

L'hypothèse la plus vraisemblable serait qu'une fois la ronde finie elles courent avec la danseuse vers la sortie de la ruche, et la suivent lorsqu'elle s'envole pour retrouver l'endroit intéressant.

Une observation attentive enseigne qu'il n'en est certainement *pas* ainsi. Les nouvelles venues ne savent manifestement pas où le but se trouve. Le geste symbolique de la danse en rond ne leur donne qu'une indication, c'est qu'il faut chercher dans les alentours de la ruche, et c'est d'ailleurs ce qu'elles font. On peut s'en convaincre par une expérience simple. Sur une tablette située à quelque 10 mètres au sud de la ruche, donnons quelque provende à un petit groupe d'abeilles marquées. Puis, mettons dans l'herbe, à quelque distance, au sud, à l'ouest, au nord et à l'est, quatre petites vasques également garnies. Quelques minutes après que les récolteuses rentrées avec du butin de la tablette auront commencé leur danse, les recrues arrivent de notre ruche à *tous* les récipients. Cependant, si nous privons alors la première troupe de nourriture, elle ne se comporte pas autrement que s'il arrive, par temps défavorable, que le butin floral naturel s'épuise et que, temporairement, les fleurs habituelles ne donnent plus de miel : les récolteuses restent à leur ruche et les danses cessent. Dès ce moment, les vasques à miel placées alentour pourront rester dans l'herbe, des heures et des jours durant, sans qu'aucune abeille ne vienne les visiter.

On pourra peut-être s'étonner de cet état de choses. En effet, les quelques abeilles marquées près de l'appât sont loin d'être les seules pourvoyeuses de la colonie : tandis qu'elles viennent vers notre eau sucrée, des centaines et même des milliers d'autres volent vers des fleurs diverses, pour y récolter du pollen et du miel. Si nous cessons de mettre quelque chose à manger là où nous en avions l'habitude, les autres ouvrières n'en continuent pas moins à aller butiner. Pourquoi alors celles qui reviennent bien chargées ne se mettent-elles pas à danser pour envoyer leurs congénères chercher de tous les côtés, donc aussi là où sont les récipients ? La réponse, c'est qu'elles les envoient bien chercher, lorsqu'elles ont découvert une récolte abondante, mais vers les espèces de fleurs d'où provient leur riche butin, et non pas vers nos récipients à eau sucrée !

Fig. 76. — Cyclamens dans lesquels une troupe d'abeilles vient boire de l'eau sucrée.

LA SIGNIFICATION BIOLOGIQUE DU PARFUM DES FLEURS, CONSIDÉRÉE SOUS UN NOUVEL ANGLE

Ce n'est pas dans des récipients en verre, mais dans des fleurs, que les abeilles ont l'habitude de boire. Nous agirons de façon conforme à la nature si nous remplaçons donc notre écuelle pleine d'eau sucrée par un petit bouquet de fleurs, par exemple des cyclamens. Pour pouvoir utiliser des fleurs quelconques sans avoir à nous préoccuper de la quantité de nectar qu'elles donnent, nous verserons dans chacune d'elles une goutte d'eau sucrée, que nous remplacerons dans la mesure où les abeilles viendront l'enlever. Nous déposerons notre vase dans un bassin avec de l'eau (fig. 76), pour que nos visiteuses ne trouvent à manger que dans les fleurs et ne s'intéressent pas aux gouttes qui tomberaient sur la table. Les abeilles marquées trouvent donc une abondante récolte dans nos cyclamens et se mettent à danser sur les rayons.

Un peu à l'écart, plaçons dans l'herbe un vase avec des cyclamens sans eau sucrée, et à côté un autre avec des phlox,

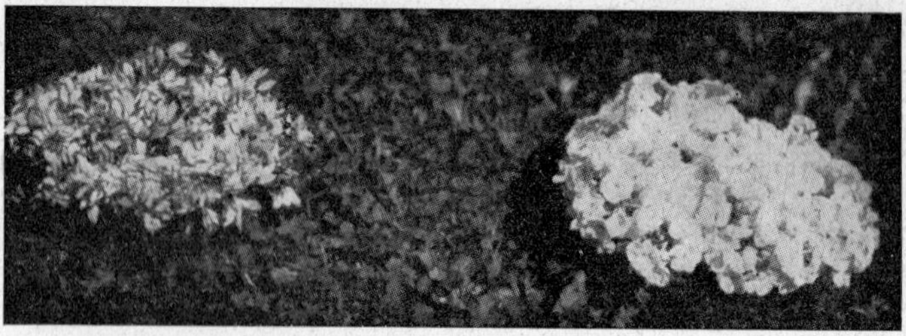

Fig. 77. — Une vasque avec des cyclamens et une vasque avec des fleurs de phlox placées dans la prairie non loin de l'emplacement pour la nourriture (fig. 76). — Les nouvelles venues, qui essaiment à partir de la ruche, ne s'intéressent qu'aux seuls cyclamens.

par exemple (fig. 77). L'alerte est donnée à la ruche, et on voit bientôt un peu partout des abeilles qui planent et cherchent au-dessus de la prairie. Elles découvrent nos deux vases et volent vers le cyclamen, dont elles fouillent les fleurs avec persévérance, comme si elles étaient absolument certaines qu'il dût y avoir quelque chose à y trouver. Quant au phlox, elles passent à côté sans y prêter la moindre attention.

A présent, enlevons de la table les cyclamens et remplaçons-les par des fleurs de phlox, aussi abondamment pourvues d'eau sucrée. Ce sont toujours les mêmes abeilles qui viennent à notre table, mais maintenant ce sont des phlox qu'elles butinent, et non plus des cyclamens (fig. 78). Dans la prairie, on laisse tout comme avant. Pourtant, il ne faudra que quelques minutes pour que les choses s'y passent tout autrement. L'intérêt que les abeilles portaient aux cyclamens se met à diminuer, et les nouvelles arrivantes vont vers les fleurs de phlox, au point que nous verrons bientôt des abeilles s'affairer autour des fleurs de tous les phlox des jardins avoisinants. Spectacle étrange pour qui sait que les longs tubes floraux des phlox ne sont accessibles qu'aux grandes trompes des papillons et que les abeilles sont incapables d'atteindre le nectar qui y est profondément enfoui ; c'est pourquoi, d'ailleurs, on ne les y voit jamais, dans des circonstances normales. Il est donc clair que les abeilles qui partent explorer les environs savent ce qu'elles doivent chercher, et qu'à la ruche les danseuses ont fait savoir quelle est l'espèce de fleur dont provient leur riche butin.

Fig. 78. — Fleurs de phlox, dans lesquelles un groupe d'abeilles vient se nourrir.

L'expérience réussira aussi bien avec des cyclamens et des phlox qu'avec des gentianes ou des vesces, des fleurs de chardons ou des renoncules, des fleurs de haricots ou des immortelles. Si nous réfléchissons aux conditions que les abeilles rencontrent dans la nature, l'utilité d'un tel état de choses saute aux yeux. Lorsque les ouvrières en chasse découvrent une nouvelle espèce dont les fleurs commencent à s'ouvrir, elles font part de leur trouvaille à la colonie, en dansant sur les rayons. Les autres abeilles, ainsi alertées, volent alors sans hésiter vers l'espèce florale dont la richesse en nectar a provoqué les danses, plutôt que de perdre leur temps en inutiles recherches dans des fleurs qui n'ont rien à leur offrir. Mais comment expliquer cela ? Nous ne pouvons tout de même pas croire que chaque espèce de fleur trouve son expression dans le langage des abeilles !

Il en est bien ainsi, pourtant. Un langage des fleurs nous est dévoilé ici, dans toute l'acception du terme, incroyablement simple, pratique et charmant. Tandis que l'ouvrière aspire le doux suc des fleurs, un peu du parfum de celles-ci reste adhérer à son corps. Lorsqu'elle danse, à son retour, elle a encore l'odeur des fleurs qu'elle a visitées. Ses congénères, qui se trémoussent derrière elle et, par la même occasion, l'examinent à l'aide de leurs antennes (organes de l'olfaction), perçoivent le parfum dont elle s'est imprégnée, le gravent dans leur mémoire et s'en serviront comme guide dans leurs recherches, une fois dispersées au-dessus de leur domaine.

Si nous remplaçons les fleurs par des essences ou des parfums artificiels, la relation dont nous parlons devient tout à fait évidente. Donnons à manger à des abeilles marquées, dans un petit récipient placé sur un support qui répand une odeur de menthe. Après les danses, les nouvelles abeilles qui quittent la ruche et se dispersent, volent vers tous les objets — quel que puisse être leur aspect — sur lesquels nous aurons laissé tomber une trace d'essence de menthe. Elles ne prêteront aucune attention à d'autres parfums. Il nous suffira de changer le parfum du support de notre récipient, pour voir l'objectif de nos abeilles se modifier de façon correspondante.

Mais si les choses sont disposées comme au début, lorsque nos abeilles venaient manger à une écuelle non parfumée, celles qui suivent la danseuse s'aperçoivent de cette absence de parfum spécifique. Mais même dans ce cas, ce n'est pas sans guide qu'elles s'élancent dans l'espace : elles savent que toutes les fleurs parfumées qu'elles rencontrent ne sont pas celles qu'elles cherchent, et ne s'y attardent pas.

Il y a quelques dizaines d'années, les savants qui s'occupaient de biologie végétale ne voyaient dans le parfum des fleurs qu'un moyen d'attirer les insectes en quête de nourriture. Pour les abeilles, ce parfum constitue en outre un signe distinctif, grâce auquel elles reconnaîtront une espèce de fleur qu'elles ont déjà butinée et la différencieront avec assurance d'une autre qui aurait la même couleur, ce qui est la condition essentielle de leur « constance » (cf. pp. 61, 65). Mais le parfum floral joue encore un beaucoup plus grand rôle. L'arôme spécifique qu'une ouvrière ramène à la ruche, indique aux autres, simplement et sans équivoque, comme le feraient les expressions les plus significatives d'un langage fait de mots, le but des recherches auxquelles les invite la danse.

COMMENT LES ABEILLES RAPPORTENT LE PARFUM DES FLEURS A LA RUCHE

Un observateur superficiel serait tenté de qualifier d' « inodores » une quantité de fleurs. La renoncule jaune, la gentiane bleue (asclépiade), les haricots d'Espagne, nous frappent de loin par la vivacité de leurs tons, mais n'emplissent pas de parfum nos pièces d'habitation. Pourtant, si un usage abusif du tabac n'a pas émoussé notre odorat, nous percevrons, pour chacune de ces fleurs, un parfum délicat et qui lui est propre, à tout le moins si nous en avons un bouquet placé sous le nez. Ce n'est que tout à fait exceptionnellement que des plantes visitées par les insectes ont des fleurs vraiment inodores, telles celles de l'airelle ou de la vigne vierge. Et comme on pouvait s'y attendre, l'entente habituelle au sujet de l'objectif des recherches n'existe pas dans ces cas. Il est étonnant de voir que le parfum le plus faible que nous puissions percevoir, suffit à faire comprendre aux abeilles d'une ruche, d'où arrive celle qui danse. Comment celle-ci fait-elle pour ramener à la ruche, tel qu'on puisse l'identifier, le délicat parfum des fleurs qu'elle est allée butiner ?

L'explication nous en est fournie en partie par le fait que les parfums adhèrent mieux au corps de l'abeille qu'à d'autres objets, tels du verre, du métal, du papier, de l'ouate ou même les corps d'autres insectes. Notre nez lui-même peut s'en convaincre. Il est cependant encore plus instructif de dresser les ouvrières à un parfum floral et de leur présenter des cadavres d'abeilles et différents objets, qui ont été exposés au parfum en cause dans des récipients fermés, puis que l'on a ventilés pendant un certain temps. Elles ne reconnaissent le parfum sur aucun objet aussi longtemps que sur le corps d'une abeille, auquel elles reviennent d'ailleurs avec opiniâtreté. Il semble donc que leur robe soit spécialement équipée pour retenir les parfums.

A cela vient encore s'ajouter un autre facteur : le nectar sécrété au fond de la fleur (fig. 12, p. 17) repose dans un calice parfumé, et porte donc en lui la senteur spécifique de la fleur. L'ouvrière qui aspire ce nectar emporte donc aussi un échantillon de parfum, qu'elle fera connaître aux abeilles qui l'entourent, lors de sa rentrée à la ruche, en expulsant la goutte de son jabot. En profiteront évidemment celles qui l'escortent lors de sa danse, et qui partiront à la recherche du butin après avoir cueilli le mot de passe parfumé sur sa bouche. Nous voudrions bien savoir ce qui est le plus efficace : le parfum qui adhère au corps ou celui introduit dans le jabot ? Cela peut s'apprendre en mettant ces deux facteurs en opposition. Nous arrosons des fleurs de phlox d'eau sucrée jusqu'à ce que, au bout d'une heure, elle soit imprégnée du parfum des fleurs. Puis, nous permettons à quelques abeilles de sucer, par une fente étroite, cette eau sucrée au parfum de phlox, tandis qu'elles sont posées sur des fleurs de cyclamen (fig. 79). Lorsque, de retour à la ruche, elles se mettent à danser, elles sentent extérieurement le cyclamen, tandis qu'elles distribuent de l'eau sucrée ayant le parfum du phlox. Pour constater le résultat de l'opération, observons à nouveau une vasque remplie de phlox et de cyclamens, placée dans l'herbe près de l'appât (fig. 77, p. 142). Les nouvelles venues se dirigent vers les deux. C'est toutefois le parfum introduit dans le jabot qui gagne la partie

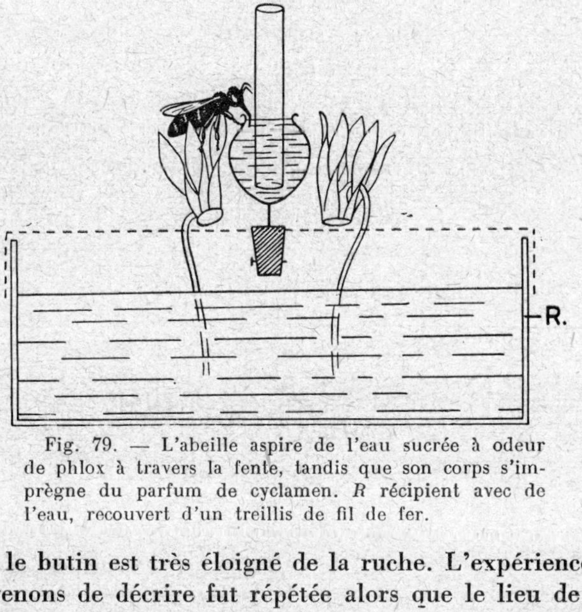

Fig. 79. — L'abeille aspire de l'eau sucrée à odeur de phlox à travers la fente, tandis que son corps s'imprègne du parfum de cyclamen. *R* récipient avec de l'eau, recouvert d'un treillis de fil de fer.

quand le butin est très éloigné de la ruche. L'expérience que nous venons de décrire fut répétée alors que le lieu de ravitaillement était séparé de la ruche par une distance de 600 mètres. Ce long vol que doivent fournir les abeilles s'accompagne d'une abondante ventilation de leur corps, ce qui fait perdre beaucoup de son intensité au parfum qui y adhère. Dans ces conditions, les abeilles qui quittèrent la ruche après le retour des premières, se guidèrent exclusivement sur le parfum que celles-ci avaient rapporté dans leur jabot.

Nous comprenons donc la grande importance biologique

du parfum que le nectar emprunte aux fleurs, que les abeilles enferment dans leur jabot comme dans une bouteille bien bouchée, et dont elles tirent parti à la ruche.

L'ÉQUILIBRE ENTRE L'OFFRE ET LA DEMANDE

Les danses des abeilles n'auront leur pleine signification biologique que si elles sont provoquées uniquement par la découverte d'endroits où la récolte est bonne et abondante. On ne danse pas pour un butin qui ne mérite pas qu'on batte le rappel.

Coupons par exemple quelques branches de robinier, garnies de fleurs, mettons-les dans un vase avec de l'eau, et plaçons le tout à l'abri des insectes ; après quelques heures, une quantité de nectar se sera accumulée dans ces fleurs. Nous présentons alors le bouquet à un groupe d'abeilles en train de boire de l'eau sucrée. Il se peut qu'on doive avoir recours à une petite ruse, pour les inciter à venir, sans perdre de temps, butiner ces fleurs auxquelles elles ne sont pas habituées. Une fois qu'on y est arrivé, elles profitent de l'aubaine qui s'offre à elles, dansent dans la ruche et ramènent rapidement du renfort. Mais elles sont bientôt tellement nombreuses qu'elles enlèvent le miel plus rapidement que les calices des fleurs ne le produisent. D'abondant, le butin devient insuffisant ; la récolte se poursuit avec non moins de persévérance, mais les danses cessent, et il n'y a plus de nouvelles ouvrières qui viennent grossir la troupe.

La richesse du butin dépend non seulement de la quantité de nectar que les fleurs sécrètent, mais encore de sa concentration en sucre. Si nous mettons des morceaux de sucre dans un verre d'eau, il arrivera un moment où, même en attendant longtemps et en agitant continuellement, ils ne voudront plus se dissoudre et ne feront que se fragmenter pour former un dépôt au fond du verre. Nous avons alors une solution épaisse, « saturée », avec autant de sucre que l'eau peut en contenir. Le nectar de bien des fleurs est aussi une solution saturée de sucre. Il mérite donc bien d'être happé par les abeilles, puis emmagasiné, et que, pour cela, il soit fait appel à toutes les forces disponibles. Il y a cependant d'autres plantes qui, à la même époque, produisent un nectar plus dilué, plus pauvre en sucre, et donc moins doux. Dans ce cas, pour une même quantité de liquide, les abeilles rapportent beaucoup moins de sucre à la ruche. Il ne serait pas logique que les abeilles qui ont découvert semblable récolte réclament du renfort avec la même énergie que dans le cas précédent, et effectivement il n'en est pas ainsi. Pour que les ouvrières dansent avec entrain, il ne faut pas seulement que la liqueur sucrée coule à flots, mais encore qu'elle soit très concentrée. Moins elle est douce, moins les danses auront de vigueur, et plus celles-ci sont molles, moins elles racoleront d'assistance. Si la teneur en sucre tombe au-dessous d'un certain niveau, il n'y aura plus de danses du tout, quand bien même le nectar abonderait.

L'importance des annonces que les pourvoyeuses font à la ruche se règle donc de la manière la plus simple sur la richesse des récoltes découvertes.

Si plusieurs espèces de plantes sont en fleurs au même moment, les abeilles visiteront surtout celle qui produit le nectar à la fois le plus abondant et le plus sucré, car les ouvrières qui l'ont trouvée dansent avec plus d'animation que celles qui ont repéré des fleurs moins favorisées. Le parfum spécifique que rapportent à la ruche les abeilles qui dansent se porte garant de la nécessité de l'aide qu'elles réclament, quelle qu'en soit l'importance. On pourra par exemple annoncer, avec une netteté suffisamment persuasive, qu'aujourd'hui le plus riche butin proviendra des endroits où flotte un parfum de fleur de prunier. C'est donc de préférence à partir des sources qui le méritent le plus, que les flots de nectar sont dirigés vers les cellules à miel des abeilles. En même temps, les fleurs qui donnent naissance au nectar le plus abondant et le plus sucré s'assurent la visite fréquente des abeilles, donc la meilleure pollinisation et le plus riche assortiment de graines.

LE « FLACON DE PARFUM » DE L'ABEILLE

Chaque ouvrière porte sur elle un petit flacon de parfum toujours prêt à l'emploi — en quelque sorte, une petite *fabrique* de parfum. Il se trouve près de la pointe de l'abdo-

Fig. 80. — Trois abeilles autour de l'écuelle avec de l'eau sucrée. Celle de gauche fait saillir son *organe odorant*, qui apparaît sous forme d'un petit bourrelet luisant, juste avant la pointe de l'abdomen (sous la petite croix). L'abeille de droite a déjà rentré son organe odorant.

men, dans un repli cutané, habituellement tourné vers l'intérieur et partant invisible. Toutefois, l'abeille peut le faire saillir volontairement et il apparaît alors comme un bourrelet humide et luisant (fig. 80). Un parfum s'échappe alors librement de cette poche cutanée, où il est sécrété par des glandes microscopiques. L'homme aussi le perçoit ; il lui rappelle la mélisse. Pour les abeilles, c'est une odeur agréable et intense, perceptible à plusieurs mètres. Il a été dit déjà comment, lorsque les ouvrières de garde encensent, ce parfum oriente les butineuses vers la porte de la ruche. Celles-ci utilisent également leur émetteur, lors du survol des fleurs, quand une récolte prometteuse rend désirable la collaboration d'autres auxiliaires. L'on peut pour ainsi dire boucher la fiole à parfum des abeilles, en recouvrant cette région cutanée d'une couche de gomme-laque. Elles sont ainsi empêchées de retourner le pli émetteur vers l'extérieur. Cela ne dérange point les récolteuses dans leur activité, elles ne le remarquent sans doute pas du tout, et si la récolte est abondante, elles dansent avec autant de vivacité qu'avant. Cette fois, l'on offre aux deux emplacements une écuelle remplie d'eau sucrée. Les deux groupes dansent avec enthousiasme. Mais le groupe qui ne peut émettre aucun parfum attirant les nouvelles venues ne se grossit que du dixième des renforts que l'autre reçoit. Ayant alarmé leurs camarades par leurs danses et les ayant incitées à sortir, elles leur facilitent la découverte du but par cet appel du parfum.

On peut s'en rendre compte par une expérience saisissante. Près d'une ruche d'observation, plaçons deux récipients remplis d'eau sucrée et laissons une douzaine d'abeilles se réunir près de chaque vasque. Elles viennent de la même ruche, mais chaque groupe ne connaît que *son* écuelle. Or, dans l'une des écuelles, nous offrons une provende abondante (eau sucrée), dans l'autre, frugale (papier buvard humecté d'eau sucrée, tout juste assez pour que la récolte se continue encore). Les glaneuses de la riche provende dansent les autres pas. Pour un même laps de temps, le premier groupe rassemble près de dix fois plus de nouvelles venues que le second groupe. C'est très judicieux — mais comment cela se produit-il ? Les camarades du rayon ne peuvent savoir d'où viennent les danseuses, car aucun parfum de fleur n'a été ajouté aux butins. Elles cherchent sans but précis, dans les environs. Mais lorsqu'elles s'approchent de l'appât abondant, elles sont attirées par le parfum que les récolteuses ont émis dans leur vol, tandis que les autres recrues dépassent, sans la remarquer, parfois en la frôlant de près, l'écuelle mal pourvue.

Une expérience de contrôle montre qu'il en est vraiment ainsi. Lorsque les abeilles vont tout normalement butiner les fleurs, leur organe odorant fonctionne de la même manière qu'en présence de notre petite écuelle.

LA DANSE FRÉTILLANTE INDIQUE LA DISTANCE A LAQUELLE SE TROUVE LA RÉCOLTE

Pendant de nombreuses années, l'endroit où, pour nos expériences, nous offrions aux abeilles quelque chose à manger, se trouvait toujours au voisinage immédiat de la ruche. Nous n'avions jamais trouvé bizarre de voir les abeilles qui partaient à sa recherche s'y présenter rapidement et en grand nombre s'il était près de la ruche, alors qu'elles n'y arrivaient que beaucoup plus tard, et à quelques-unes seulement, s'il en était fort éloigné. Mais un jour où notre table d'expérience avait été installée à une distance de plusieurs centaines de mètres de là, il n'y eut que peu d'ouvrières qui se mirent à chercher aux environs de la ruche, tandis qu'il en arrivait de véritables troupes à l'emplacement très reculé que nous avions choisi. Cela nous fit soupçonner que la danse indique encore la distance à laquelle il faut voler.

Si nous nous arrangeons pour que des abeilles numérotées, appartenant à une ruche d'observation, aillent récolter au voisinage de celle-ci, et qu'au même moment d'autres bêtes marquées, de la même colonie, remplissent leur jabot à un endroit beaucoup plus éloigné, les rayons de la ruche seront le théâtre d'une scène surprenante : toutes les ouvrières qui butinent près de la ruche exécutent des *rondes* (fig. 75, p. 139), et toutes celles qui récoltent loin font des *danses frétillantes.* Dans ce dernier cas, l'abeille décrit un étroit demi-cercle, pivote sur elle-même et retourne en ligne droite vers son point de départ ; puis elle fait encore un demi-cercle, qui vient fermer le premier, et retourne de nouveau en ligne droite vers le point dont elle est partie. La manœuvre se répète pendant des minutes, toujours à la

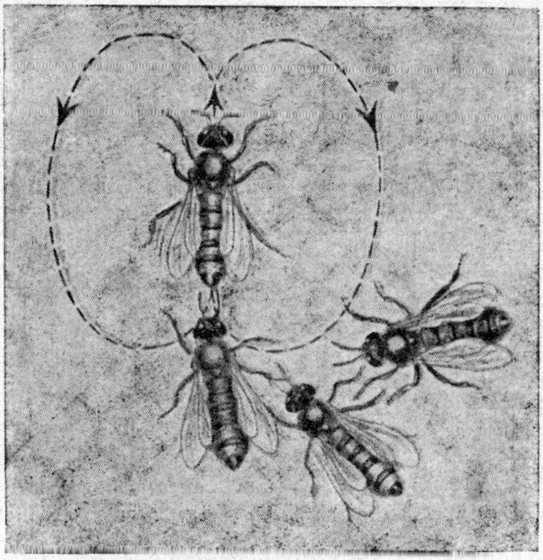

Fig. 81. — La danse frétillante.

même place : un demi-cercle à gauche, retour en ligne droite, un demi-cercle à droite, retour en ligne droite, un demi-cercle à droite, retour en ligne droite, un demi-cercle à gauche, et ainsi de suite. Mais ce qui distingue surtout cette danse de la ronde, ce sont de rapides oscillations de la pointe de l'abdomen, pendant le trajet rectiligne qui relie l'extrémité du demi-cercle au point de départ de la course (fig. 81). Tout comme la ronde, cette danse frétillante intéresse vivement les abeilles qui y assistent, et qui s'y joignent d'ailleurs.

Si l'on éloigne progressivement le ravitaillement qu'on avait placé près de la ruche, on observe que quand il est distant de 50 à 100 mètres, les rondes des pourvoyeuses font place à des danses frétillantes. De même, si l'on rapproche petit à petit celui qui était loin, les danses frétillantes sont remplacées par des rondes lorsqu'on arrive à une distance de 100 à 50 mètres de la ruche. Les deux danses représentent donc deux expressions différentes de la langue des abeilles ; l'une indique la proximité d'une récolte, l'autre son éloignement, et, comme on peut le démontrer, c'est bien dans ce sens que les abeilles les interprètent.

Mais si les abeilles partaient à la recherche de la récolte annoncée, avec, pour toute indication, un « en deçà » ou « au delà de 100 mètres », elles ne seraient guère avancées. En effet, leurs vols s'étendent, dans toutes les directions, jusqu'à plusieurs kilomètres de la ruche. En reculant graduellement les provisions que nous offrons aux abeilles, jusqu'à atteindre la limite de leur rayon d'action, une corrélation nous est apparue entre la distance, et la façon dont s'effectue la danse frétillante ; cette correspondance renseigne, avec une précision beaucoup plus grande, les abeilles, et même un observateur humain, sur l'éloignement du butin. Pour une distance de 100 mètres, les tours (fig. 81), se succèdent rapidement, les danses se précipitent. Puis, au fur et à mesure que la distance s'allonge, les danses se font plus mesurées, les tours se suivent plus lentement, et le parcours rectiligne, pendant lequel l'abdomen oscille latéralement, dure plus longtemps et est plus appuyé. Montre en main, on constate que si la source de nourriture se trouve à 100 mètres l'abeille parcourt 9 à 10 fois en 15 secondes la partie rectiligne du circuit, pour 500 mètres environ 6 fois, pour 1 000 mètres 4 à 5 fois, pour 5 000 mètres 2 fois, et pour 10 000 mètres à peine plus de 1 fois, toujours dans

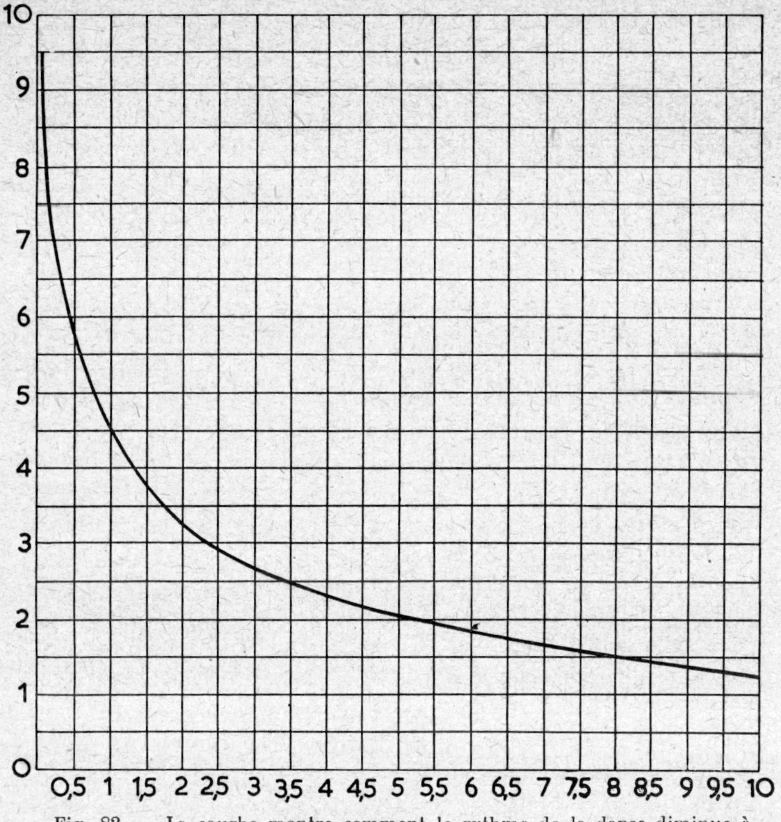

Fig. 82. — La courbe montre comment le rythme de la danse diminue à mesure qu'augmente la distance. A gauche : le nombre de tours effectués en 15 secondes ; au-dessous : la distance, en kilomètres, qui sépare la ruche du lieu de la récolte.

le même temps (fig. 82) [1]. On retrouve ce même rythme, avec une régularité étonnante, tout au long des jours et des

1. Les abeilles ne volent vers des récoltes aussi éloignées que si ces dernières sont particulièrement alléchantes et s'il n'y a vraiment rien de bon à trouver plus près de la ruche.

années, et dans les différentes colonies. C'est d'autant plus remarquable que les abeilles n'ont pas de montre. Elles doivent avoir une notion bien précise du temps, pour que la danseuse puisse se mouvoir au rythme voulu et que ses congénères puissent enregistrer et convertir convenablement celui-ci.

L'ont-elles vraiment, cette notion du temps ? Et avec quelle rigueur les ouvrières qui partent à la recherche d'un objectif s'en tiennent-elles aux directives que leur prescrit la danse frétillante ? Pour nous en rendre compte, mettons à la disposition de quelques abeilles numérotées un peu d'eau sucrée, à une certaine distance de la ruche, sur un support sur lequel on a répandu quelques gouttes d'essence de lavande, et versons encore un peu de ce même parfum, mais cette fois sans aucune nourriture, à d'autres emplacements. Les ouvrières qui ont été faire leur récolte dansent sur les rayons et envoient leurs compagnes à la recherche de l'endroit qui sent la lavande. Dans notre expérience, l'eau sucrée se trouvait à 750 mètres de la ruche et les petites tables parfumées, mais sans nourriture, étaient situées, dans la même direction, à 75, 200, 400, 700, 800, 1 000, 1 500, 2 000 et 2 500 mètres. Près de chacune de ces dernières se trouvait un observateur qui comptait, pendant une demi-heure, toutes les abeilles qui se présentaient. La figure 83 *a* indique le nombre des nouvelles venues aux différentes petites tables, et la courbe montre clairement le résultat obtenu. Lors d'une autre expérience, l'eau sucrée se trouvait à 2 000 mètres de la ruche, alors que les jalons parfumés étaient à 100, 400, 800, 1 200, 1 600, 1 950, 2 050, 2 400, 3 000, 4 000 et 5 000 mètres (fig. 83 *b*). Les abeilles alertées ont scrupuleusement tenu compte — et même au delà de ce que l'on était en droit d'attendre d'elles — des instructions que leur avait transmises la danse, et elles survolèrent opiniâtrement et pendant des heures le bon emplacement.

Comment connaissent-elles donc la distance à laquelle elles se trouvent par rapport à la ruche ? Des observations effectuées lorsqu'il y a beaucoup de vent, jettent un jour sur la manière dont elles évaluent les distances. Lorsqu'elles volent

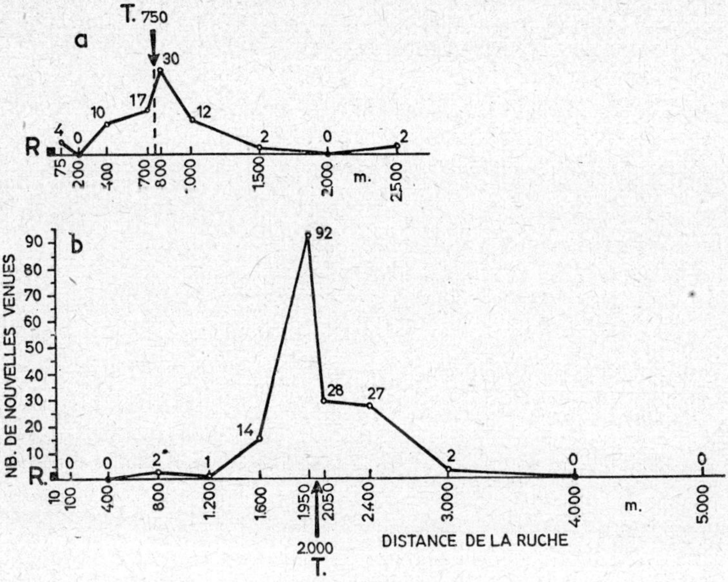

Fig. 83. — Résultat de deux expériences de dispersion des jalons suivant une même direction. L'endroit où l'on donnait à manger à quelques abeilles numérotées se trouvait, dans la première expérience (*a*) à 750 m, et dans la seconde (*b*), à 2 km de la ruche. Les chiffres figurant sur les courbes indiquent le nombre des nouvelles venues aux différents endroits d'observation. *T* = table d'expérience.

contre le vent pour aller vers la récolte, elles indiquent, à leur retour à la ruche, une distance plus grande que celle qu'elles annonceraient si le temps était calme, et si le vent les pousse, elles en indiquent une plus petite. S'il n'y a pas de vent mais qu'elles doivent s'élever au-dessus du flanc escarpé d'une montagne pour atteindre leur butin, la danse s'en ressentira : son parcours rectiligne sera plus long ; après avoir dévalé une pente, il sera plus court. Il est donc manifeste que c'est le temps que nécessite leur vol vers un objectif, ou la dépense énergétique qu'il entraîne, qui leur tiennent lieu de jauge dans l'appréciation des distances.

LA DANSE FRÉTILLANTE DONNE AUSSI LA DIRECTION DU BUTIN

Il serait de peu d'intérêt pour les abeilles d'apprendre qu'à 2 kilomètres de la ruche il y a un tilleul en fleurs, si ne leur était communiquée en même temps la direction dans laquelle il faut le chercher. Et effectivement, la danse frétillante comporte également des indications sous ce rapport. Celles-ci sont données par l'allure de cette danse, et en l'occurrence par la direction de son parcours rectiligne.

Pour faire part de leurs directives, les abeilles recourent à deux méthodes bien distinctes, selon qu'elles exécutent leur danse sur le rayon disposé *verticalement* dans la ruche — cas le plus fréquent —, ou sur une surface *horizontale*, par exemple sur la planchette d'envol. La manière dont elles indiquent la direction sur une surface horizontale paraît être phylogénétiquement la plus ancienne. Elle est d'ailleurs la plus facile à comprendre, et nous commencerons par elle. Nous nous souviendrons d'abord du rôle de boussole que joue le soleil (cf. pp. 124 et ss.). Si, pour voler de la ruche jusqu'au ravitaillement, l'ouvrière a le soleil sous un angle de 40° à gauche et vers l'avant, elle observe ce même angle par rapport au soleil lorsqu'elle danse, et stipule ainsi directement le lieu de la récolte (fig. 84). Les abeilles qui suivent la danseuse enregistrent sa position par rapport au soleil pendant le parcours rectiligne de sa danse ; si elles adoptent, en quittant la ruche, une position semblable relativement à l'astre du jour, elles volent bien dans la direction de l'endroit intéressant. Cette manière d'agir ne sera cependant efficiente que si la danseuse aperçoit le soleil — ou à tout le moins un morceau de ciel bleu (cf. pp. 130 et ss. et 170) —, par exemple lors des danses qu'elle pourra effectuer

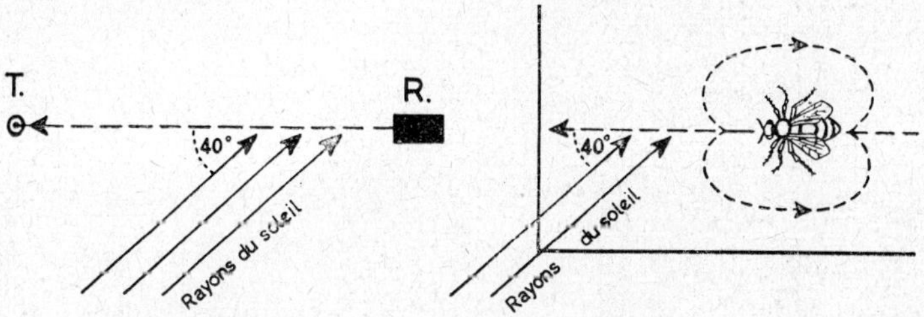

Fig. 84. — Indication de la direction par rapport au soleil, lors d'une danse sur une surface horizontale. A gauche : *R* ruche, *T* table avec de la nourriture, ... direction du vol vers l'endroit de la récolte ; à droite : danse frétillante sur une surface horizontale.

sur la planchette d'envol lorsqu'il fait chaud, puisqu'alors c'est devant le trou de vol que nombre d'habitants de la ruche attendent les pourvoyeuses qui rentrent. On peut encore enlever un rayon de la ruche et le placer horizontalement à ciel ouvert. Mais il n'est pas facile de faire perdre contenance à nos danseuses... En effet, tandis qu'elles indiquent la direction dans laquelle elles sont parties butiner, faisons pivoter leur rayon comme une plaque tournante : elles laissent le plancher tourner sous leurs pieds et maintiennent leur position, tout comme le ferait l'aiguille d'une boussole. Mais dès que nous leur dissimulons le ciel, leurs danses se font confuses et témoignent d'une complète désorientation.

A l'intérieur de la ruche, il fait sombre et le ciel est totalement invisible ; en outre, les rayons sont disposés verticalement, ce qui contribue à exclure toute possibilité d'indication du genre de celle que nous venons de décrire. Dans de telles conditions les abeilles utilisent leur seconde méthode, d'ailleurs très remarquable. Elles reproduisent par rapport à la verticale l'angle que faisait la direction du butin avec

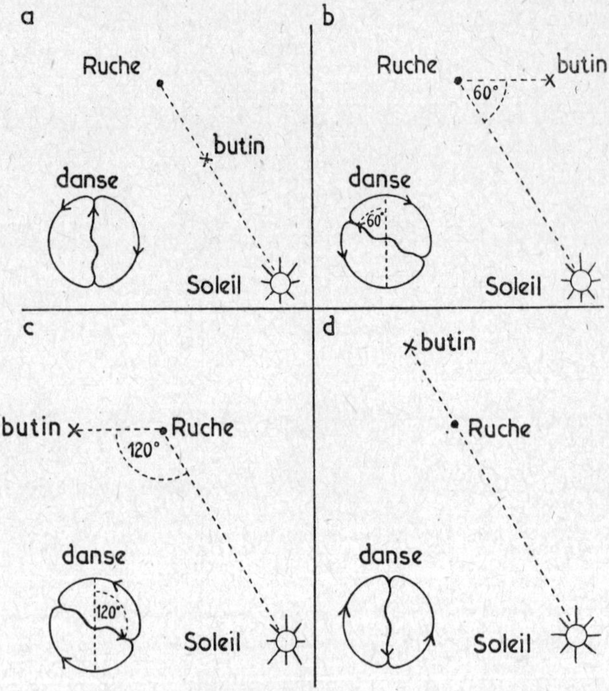

Fig. 85. — Indication de la direction par rapport au soleil, lors de la danse sur un rayon disposé verticalement. Les petits schémas de gauche montrent chaque fois, pour une position donnée du butin, l'orientation de la danse sur le rayon vertical.

celle du soleil ; pour ce faire, elles recourent au code que voici : si le parcours rectiligne de la danse est orienté vers le haut, cela signifie que le butin se trouve dans la direction du soleil ; ce même parcours orienté vers le bas indique la direction opposée ; un angle de 60° à gauche en haut, toujours par rapport à la verticale, envoie les abeilles vers une récolte située à 60° à gauche du soleil (fig. 85), etc... Les indications perçues ainsi par rapport à la verticale, dans l'obscurité de la ruche et grâce à leur fine sensibilité, les ouvrières qui suivent la danseuse les reporteront plus

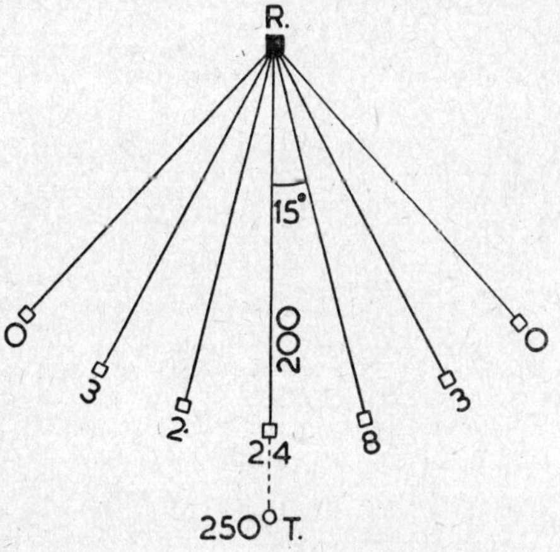

Fig 86. — Résultat d'une expérience de dispersion « en éventail ». *R* ruche, *T* table où les abeilles viennent boire. Les petits carrés représentent des plaques parfumées, sans nourriture ; les chiffres indiquent le nombre des nouvelles arrivées.

tard dans l'espace en se servant du soleil comme repère.

Tout comme nous avons effectué une expérience de « dispersion » pour voir si les directives qui concernaient l'éloignement du butin étaient respectées, faisons maintenant une expérience de « dispersion en éventail », de façon à voir si les abeilles alertées volent vraiment dans la direction que leur indique la danseuse. La figure 86 nous montre le résultat d'une telle épreuve. A un endroit *T*, situé à 250 mètres de la ruche, on avait ravitaillé sur un support parfumé quelques abeilles numérotées. Il y avait en outre des plaques parfumées, sans nourriture, toutes disposées « en éventail » à 200 mètres de la ruche et séparées par des angles de 15°. Les chiffres indiquent le nombre des nouvelles venues qui se présentèrent aux différents endroits d'observation pendant la période d'une heure et demie que dura l'expérience. On voit qu'il n'y en eut que peu qui s'écartèrent de la bonne route.

Dans les régions tropicales, deux fois par an, le soleil se trouve au zénith à midi et ne répond donc à *aucune* direction déterminée du ciel, et il est impossible d'y rapporter la direction du but à atteindre. Que font alors les abeilles ? Elles ont trouvé à ce problème une solution étonnamment simple : — à midi, elles restent chez elles. Alors qu'à d'autres époques, la chaleur tropicale ne les empêche point d'exploiter une source d'approvisionnement en valant la peine, elles intercalent une méridienne dès que le soleil approche du zénith. Ce n'est qu'en recourant à des artifices particuliers qu'on peut les amener à venir néanmoins jusqu'au butin — et alors, une fois de retour, elles dansent d'une façon confuse dans toutes les directions. Il fallait s'y attendre, et c'est une confirmation de ce qu'elles s'orientent d'après le soleil. Ce qui était inattendu, c'est qu'une distance angulaire de 2-3° par rapport au zénith leur suffit déjà pour reconnaître la position du soleil et en indiquer correctement la direction par leur danse. Les yeux à facettes, bien fixés dans la capsule rigide de la tête et constitués de milliers d'unités divergeant légèrement, sont éminemment appropriés au rôle de rapporteur angulaire.

En montagne, même des animaux pourvus d'ailes ne peuvent pas toujours atteindre leur but en droite ligne. Quel moyen les abeilles pourraient-elles bien employer pour faire comprendre à leurs compagnes qu'il faut faire un détour pour parvenir à un certain butin ? La région vallonnée du lac de San-Wolfgang, en Autriche, nous fournit amplement

Fig. 87. — Endroit choisi pour l'expérience de contournement. X = emplacement du butin. La ruche d'observation se trouvait derrière la crête rocheuse, approximativement à la même altitude.

l'occasion d'élucider ce problème. Nous plaçâmes un jour notre ruche d'observation sur le Schafberg, derrière une crête rocheuse et, contournant l'arête de l'escarpement jusqu'à l'endroit marqué par une croix sur la fig. 87, nous y installâmes rapidement un appât avec des abeilles marquées.

Le schéma de la figure 88 donne, avec les distances, un plan de notre terrain d'expérience. Les pourvoyeuses firent dans les deux sens le détour à angle aigu que nous leur demandions, mais lors de leurs danses elles n'indiquèrent ni la direction qu'elles prenaient effectivement en quittant la ruche, ni même celle de la seconde partie de leur trajet ;

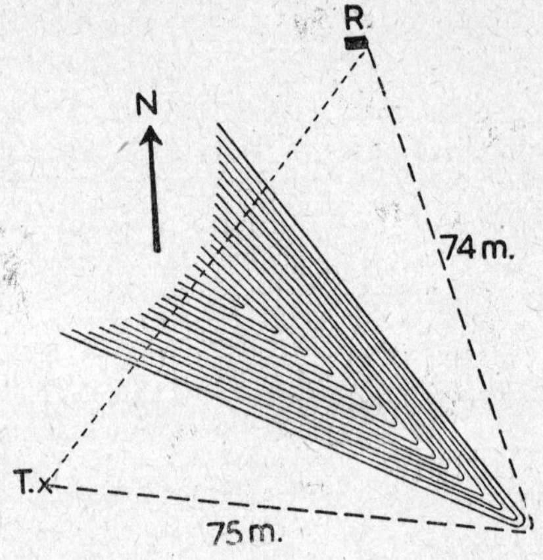

Fig. 88. — Schéma de l'expérience du Schafberg. *R* ruche, *T* table avec de l'eau sucrée, - - - - détour fait par les abeilles, ... trajet à vol d'oiseau vers le butin.

toutes deux auraient évidemment induit en erreur leurs congénères ; le parcours rectiligne de leur danse frétillante indiquait au contraire la direction de la ligne qui reliait à vol d'oiseau le butin à la ruche, voie qu'elles n'avaient d'ailleurs jamais empruntée. Ce n'est que de cette façon qu'elles pouvaient conduire leurs compagnes au bon endroit ; celles-ci volèrent dans la direction qui leur avait été prescrite, jusqu'à ce qu'elles ne puissent plus continuer, et comme elles connaissaient par les danses, la *longueur* du vol qu'elles devaient accomplir, elles trouvèrent finalement l'endroit qu'il fallait, en effectuant le détour nécessaire. Le comportement des ouvrières qui devaient renseigner les autres était en conformité avec la situation du butin, et donc parfaitement sensé. Mais le fait qu'elles peuvent, malgré leur détour, reconstituer aussi exactement la direction réelle — sans rapporteur, ni règle, ni planche à dessin — ressortit bien aux plus pures merveilles de la vie prodigieuse des abeilles.

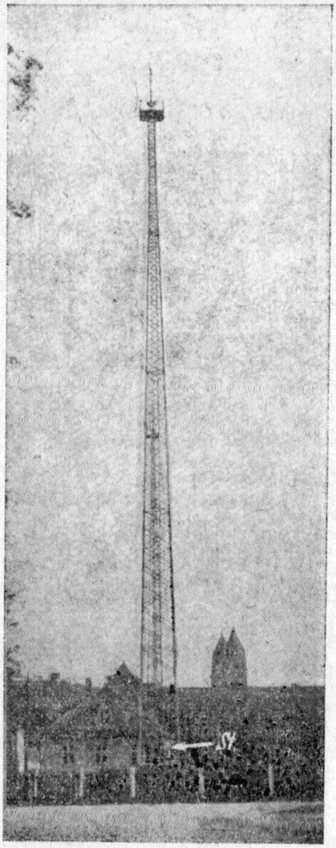

Fig. 89. — Expérience visant à étudier la façon d'indiquer l'altitude. *St* ruche d'observation, située entre les poutrelles d'un pylône de radiodiffusion. La table avec de l'eau sucrée avait été placée sur la plateforme qui se trouve au sommet du pylône.

Il semblait presque qu'elles allaient trouver une solution à tous les problèmes qui leur seraient posés, même aux plus ardus. *Une fois*, cependant, elles ne surent comment s'y prendre. Leur ruche se trouvait près du sol, entre les poutrelles d'un pylône de radiodiffusion (fig. 89). La table avec de l'eau sucrée avait été hissée au sommet du pylône à l'aide d'un treuil, et était exactement située au-dessus du trou de vol de la ruche. Il n'est pas prévu d'expression signifiant « en haut » dans le langage des abeilles. C'est qu'aucune fleur ne pousse dans les nuages ! Les pourvoyeuses du sommet du pylône ne surent quelle direction indiquer et effectuèrent des rondes ; les ouvrières alertées partaient de tous côtés à la recherche de prairies, et aucune d'entre elles ne découvrit le butin qui les surplombait. Dès que l'on plaça celui-ci dans une prairie, à une distance de la ruche qui correspondait à la hauteur du pylône, les directives qui concernaient sa direction furent données de façon irréprochable.

La danse frétillante et son parcours rectiligne plein de fougue, la ronde et ses orbites circulaires, semblent inviter à l'action avec une clarté tellement symbolique qu'elle nous étonne ; la première incite les abeilles à se précipiter au loin, la seconde à chercher dans les environs immédiats de la ruche. Celles qui doivent partir au loin reçoivent, selon un système parfaitement établi, des indications précises quant au but de leur course. Mais lorsque des centaines d'ouvrières se mettent en route, obéissent aux directives reçues, il y en a généralement quelques-unes qui font autrement que les autres ; quelques-unes qui, après des rondes, s'en vont chercher au loin (cf. p. 133), ou qui restent dans les environs de la ruche après des danses frétillantes (cf. p. ex. p. 157, fig. 83), ou encore qui partent dans une mauvaise direction. N'auraient-elles pas compris le langage de leurs compagnes ? Ou sont-ce de mauvaises têtes, qui n'en veulent faire qu'à leur guise ? Quel que puisse être le motif de leur « fausse manœuvre », il s'agit de très utiles originales, si l'on envisage la question sur le plan de la communauté. En effet, lorsqu'au sud se met à fleurir un champ de colza, il est évidemment indiqué d'y envoyer en groupes nourris les pourvoyeuses, mais il est encore intéressant d'aller voir à ce même moment s'il n'y a pas autre part un champ de colza dont les boutons sont en train de s'ouvrir. C'est grâce à ces originales, dont le comportement n'est pas conforme à celui des autres abeilles, que *toutes* les sources de butin qui se trouvent à la portée de la colonie sont tellement vite découvertes.

LES DANSES DES POURVOYEUSES DE POLLEN

En dehors du miel, la colonie récolte du pollen, second aliment qui lui est indispensable. Les abeilles qui se chargent de cette fonction se communiquent également les emplacements intéressants à ce point de vue, ce qu'elles font d'ailleurs de la même manière que celles qui s'occupent du nectar. Elles aussi exécutent des rondes si leur trouvaille est proche, des danses frétillantes si elle est éloignée, et appliquent les règles que nous savons pour en faire connaître la distance et la direction.

Il y a cependant une petite différence : chez les abeilles qui récoltent du nectar, c'est grâce au parfum qui adhère à leur corps et grâce à celui qu'elles transportent dans leur jabot, que s'établit l'entente en ce qui concerne la provenance de leur récolte (cf. p. 145 et ss.). Lorsque les pourvoyeuses de pollen rentrent à la ruche, elles ne rapportent évidemment pas de nectar parfumé, mais bien un autre constituant des fleurs qu'elles ont visitées : du pollen. Celui-ci a une odeur spécifique, nettement différente de celle des pétales, et, encore une fois, propre à chaque espèce florale. Ce sont les pelotes de pollen qui serviront donc ici de messagers odorants. L'expérience qui suit ne laisse aucun doute à ce sujet :

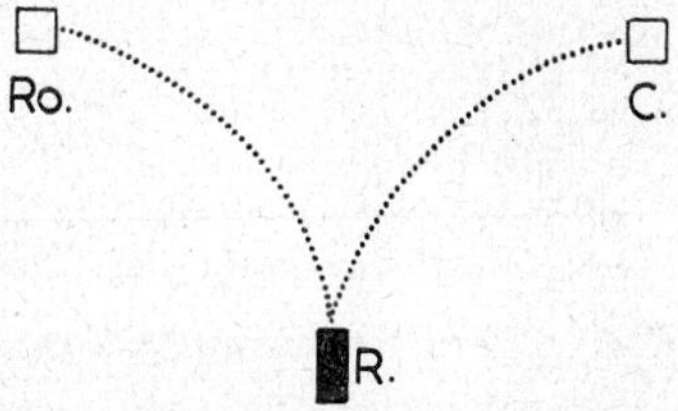

Fig. 90. — *R* ruche. *Ro* emplacement des roses (églantines). *C* emplacement des campanules. (Explications complémentaires dans le texte.)

Nous installons deux emplacements avec de la nourriture à l'intention des collectrices de pollen de notre ruche ; au premier des deux (*Ro* fig. 90), un groupe d'ouvrières marquées enlève leur pollen à des églantines, tandis qu'à l'autre (*C*) un deuxième groupe pille de grandes campanules. Enlevons alors toutes les fleurs, faisant ainsi subir un temps d'arrêt au ravitaillement ; les collectrices restent à la ruche, après avoir vainement cherché pendant un certain temps, et seules de rares émissaires font de temps à autre une apparition, pour voir s'il y a de nouveau quelque chose. Plaçons alors des campanules fraîches en *C* ; une des messagères se fera aussitôt des « culottes » de leur pollen, retournera à la ruche et y dansera. Ce sont les abeilles qui ont déjà été butiner les campanules, qui réagissent les premières, car le parfum leur en est déjà familier ; elles s'empressent de retourner auprès de leurs fleurs et d'y reprendre leur activité, suivies par les nouvelles venues que des danses incessantes y envoient. Les abeilles qui s'étaient intéressées aux églantines restent à la ruche ; elles savent que le parfum des campanules ne les concerne pas.

Cela ne nous permet pas encore de dire si c'est l'odeur des pétales ou celle du pollen, qui est déterminante. Refaisons l'expérience autrement. Nous arrêtons d'abord le va-et-vient en enlevant toutes les fleurs, comme tantôt, puis nous mettons en C des campanules, après en avoir enlevé les étamines et les avoir remplacées par celles d'églantines (fig. 91 *b*). Une éclaireuse arrive, trouve à leur place habituelle les campanules qu'elle connaît bien, s'y coule et fait des pelotes. Donc, une abeille du groupe C récolte du pollen de *rose* dans des campanules, en C. Elle rentre à la ruche, se met à danser, et voilà qu'aucune des ouvrières qui depuis des heures, même des jours, travaillaient avec elle aux mêmes campanules, ne prête la moindre attention à son manège. En revanche, celles qui s'étaient occupées des roses sauvages surgissent à ses côtés, bien qu'en fait elle leur soit étrangère ; elles se mettent à flairer ses pelotes, puis se précipitent vers le trou de vol et gagnent en toute hâte l'endroit des roses, qu'elles avaient l'habitude de butiner. C'est cependant en vain qu'elles y cherchent leurs fleurs. Les abeilles se sont donc laissé induire en erreur, et nous savons ainsi que c'est

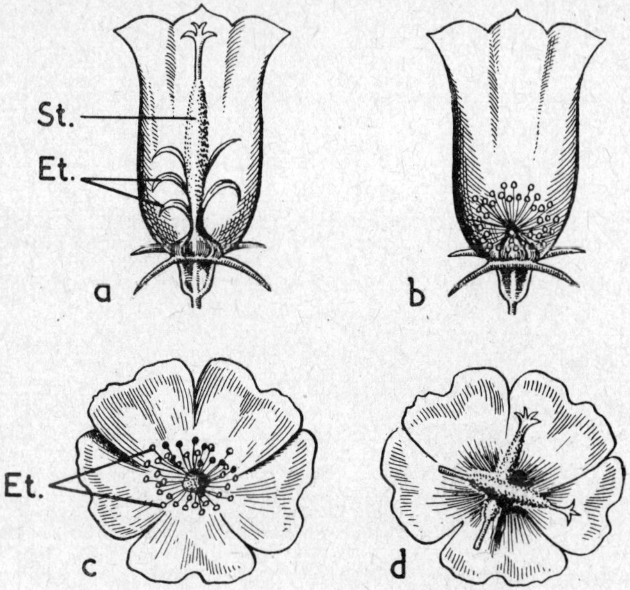

Fig. 91. — *a* fleur de campanule (*Campanula medium*), dont on a enlevé une partie de corolle, pour en montrer l'intérieur : le pollen des étamines recourbées est retenu en grande partie par le style. *b* fleur de campanule ; les parties qui portaient du pollen en ont été enlevées, et remplacées par les étamines d'une rose. *c* églantine (*Rosa moschata*). *d* églantine dont on a enlevé les étamines, et dans laquelle ont a mis deux styles de campanule, y compris le pollen qui y adhère. *Et* étamines, *St* style.

l'odeur du pollen que l'émissaire a rapporté, qui est décisive, et non celle des campanules dans lesquelles elle s'est glissée.

Si nous renversons l'expérience, nous obtenons un résultat similaire. Les danses d'une éclaireuse qui est allée récolter du pollen de campanule dans des roses mobiliseront les abeilles récoltant dans les campanules (cf. fig. 91 *d*).

UNE RUCHE MOBILE
DÉMONSTRATION DE LA PERCEPTION DE LA LUMIÈRE POLARISÉE

Pour étudier avec plus de précision le comportement des abeilles sur un plan horizontal, on peut utiliser une ruche

Fig. 92. — Ruche d'observation mobile, en position oblique. Même pour une inclinaison aussi faible, les abeilles sont encore capables de danser en se fiant à la direction de la force-pesanteur.

d'observation qui puisse basculer. En manœuvrant une vis à ailettes, on peut faire prendre à cette ruche toutes les positions obliques que l'on désire. Dès que l'inclinaison du rayon atteint quelque 15° (fig. 92), les danseuses peuvent indiquer exactement une direction qui correspondrait à celle du soleil en orientant vers le haut le parcours rectiligne de leur danse frétillante, et elles traduiront tout angle qui sépare de la position du soleil l'emplacement de la récolte en reproduisant, sur le rayon incliné, un même angle par rapport à la pente la plus raide. Elles paraissent avoir un sens de la verticale extraordinairement développé.

Mais si le rayon est absolument horizontal, il n'est plus question d'y remonter une pente, et le code dont nous par-

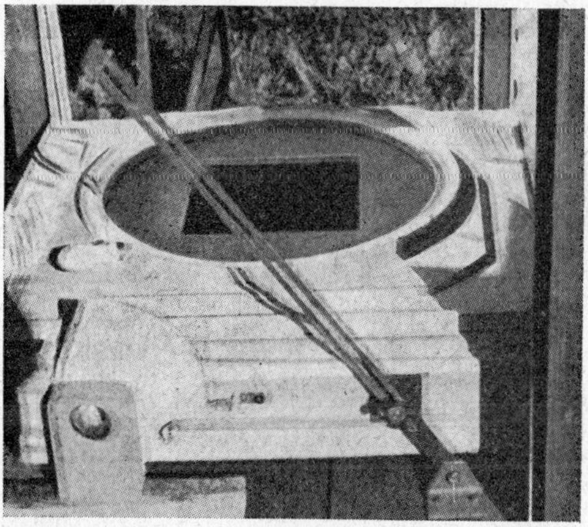

Fig. 93. — Ruche d'observation en position horizontale et recouverte d'un polaroïde que l'on peut faire tourner.

lions p. 160 (fig. 85), et qui permettait d'indiquer une certaine direction, ne peut être appliqué. Dans de telles conditions, il est pourtant curieux de voir les abeilles continuer à danser avec un zèle non moindre, mais — pour autant que le ciel leur demeure caché — sans l'orientation typique de leur danse frétillante : le parcours rectiligne de celle-ci modifie continuellement sa direction, et cela de façon tout à fait désordonnée. Aussitôt qu'on montre aux danseuses le soleil ou un morceau de ciel bleu, leurs danses s'orientent et pointent directement vers le butin (cf. pp. 159 et ss.).

Nous avons déjà dit que cette étonnante influence du ciel bleu tenait à la polarisation de la lumière qui s'y propage (p. 130 et ss.). Nous allons voir de quelle manière on peut le prouver.

La figure 93 montre une ruche d'observation en position horizontale. La vitre placée au-dessus du rayon est recouverte d'une planche dans laquelle est découpée une fenêtre carrée ; un grand polaroïde (cf. pp. 110 et ss.) repose sur tout cela dans un cadre rond, que l'on peut d'ailleurs faire tourner. Dans cette expérience, la vue est bouchée aux abeilles de trois côtés ; du rayon, les danseuses n'aperçoivent à travers la fenêtre ménagée dans la planche et à travers le polaroïde, qu'un petit morceau de ciel bleu, disons vers le nord. La lumière est partiellement polarisée, dans le ciel, et à chaque endroit de ce dernier ses vibrations possèdent, comme nous le savons déjà (cf. p. 111) une direction propre. Un polaroïde est encore plus radical à cet égard, puisqu'il impose à *tous* les rayons lumineux qui le traversent une même direction de vibration. Disposons maintenant notre polaroïde circulaire au-dessus des abeilles en train de danser, de manière que les rayons qu'il laisse passer conservent la direction de vibration qu'ils ont dans la partie nord du ciel ; les abeilles continueront à danser comme elles le doivent et indiqueront donc bien l'endroit du butin. Mais si nous faisons tourner le polaroïde et que nous modifiions donc la direction de vibration de la lumière polarisée, les abeilles vont dévier dans le sens de la rotation et indiquer une mauvaise direction. Leur erreur ne doit d'ailleurs pas nécessairement coïncider, en valeur absolue, avec l'angle dont nous avons fait tourner le polaroïde.

De quoi cette valeur dépend-elle, et est-elle vraiment déterminée par la direction de vibration de la lumière polarisée ? Nous pourrons nous en rendre compte grâce à un polaroïde en étoile (cf. p. 130, fig. 69). On peut en effet considérer que celui-ci se comporte, vis-à-vis de la lumière polarisée, comme le ferait n'importe quelle ommatidie de l'œil d'abeille ; si nous nous en servons pour examiner le ciel, nous aurons donc une idée des effets produits par lui sur l'œil de l'abeille. Une expérience choisie parmi bien d'autres nous servira d'exemple :

Une troupe d'abeilles numérotées de notre ruche d'observation placée horizontalement, butine de l'eau sucrée à un endroit situé exactement à l'ouest. Les danseuses peuvent voir, vers l'ouest — c'est-à-dire dans la direction de leur butin —, un morceau de ciel bleu. Les parcours rectilignes de leurs danses indiquent l'ouest. Disposons maintenant le grand polaroïde circulaire de telle sorte que la lumière du secteur ouest du ciel garde la même direction de vibration. Les abeilles continuent à danser comme elles le doivent. L'image qui provient du ciel de l'ouest, et qui est déterminée par la direction de vibration de la lumière polarisée, semble régir leur danse (cf. p. 111). Si nous regardons cette même partie du ciel à travers notre polaroïde en étoile, nous aussi nous pouvons voir cette image. C'est d'ailleurs celle que les abeilles auront *devant* elles lorsqu'elles voleront vers le butin. Lors du parcours rectiligne de leur danse frétillante, elles feront en sorte de l'avoir encore devant elles, et ainsi elles indiqueront l'ouest (fig. 94 *a* ; supprimons tout d'abord par la pensée l'image M_2). Maintenant, faisons tourner de 30° dans le sens inverse à celui des aiguilles d'une montre le polaroïde qui se trouve au-dessus de la ruche. Aussitôt la direction des danses se modifie et les abeilles indiquent un point situé à 35° au sud du premier. Si nous observons le secteur ouest du ciel à l'aide du polaroïde en étoile — qui figure en même temps un œil d'abeille artificiel — nous verrons l'image M_1. Plaçons devant notre polaroïde en étoile une simple lame polarisante, à laquelle nous donnerons la même orientation que celle que possède le polaroïde qui recouvre la ruche ; l'image M_1 se transforme dès lors en M_2. Nous supposons un effet analogue en ce qui concerne l'œil de l'abeille. Si nous enlevons à nouveau

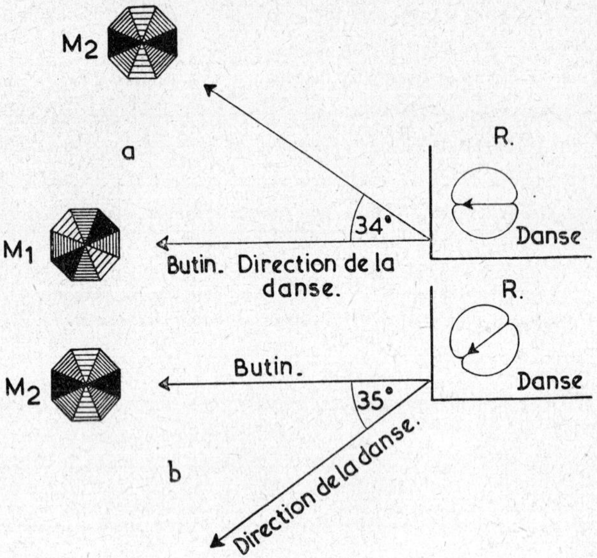

Fig. 94. — En haut : des abeilles d'une ruche d'observation *R* butinent à un endroit situé à l'ouest. Si on leur laisse voir librement le secteur ouest du ciel lors de leur danse sur le rayon horizontal, elles indiquent bien l'ouest. Elles orientent le parcours rectiligne de leur danse frétillante d'après l'image M_1 qu'elles voient devant elles, dans le ciel, lorsqu'elles volent vers le butin. En bas : en plaçant devant elles un polaroïde, l'image M_1 se transforme en M_2 pour les danseuses. Celles-ci indiquent une mauvaise direction, imputable au fait que lorsqu'elles volent vers le butin elles ont l'habitude de voir l'image M_2 à 34° à droite et en avant (cf. fig. du dessus).

la lame polarisante placée devant l'œil artificiel et que nous observions le ciel au moyen de celui-ci, l'image M_2 ne nous apparaîtra qu'en un seul endroit : à 34° au nord du point ouest. Lorsqu'elles partaient de la ruche pour aller vers leur butin, les ouvrières apercevaient exactement devant elles l'image M_1, tandis qu'elles voyaient M_2 à 34° plus à droite (fig. 94 *a*). Elles volaient tout droit vers M_1, se maintenant par conséquent à 34° à gauche de M_2. Or, dans notre expérience, c'est exactement vers l'ouest que nous leur montrons M_2, lui ayant donc fait subir un déplacement de 34° vers la gauche. Elles ne voient rien d'autre que cette image. C'est donc sur elle qu'elles fondent leur danse, et elles indiquent un endroit situé 35° plus à gauche, s'en tenant à ce qu'elles faisaient lorsqu'elles partaient butiner — avec une erreur de 1° seulement.

Une seule expérience de ce type ne nous apporte évidemment pas encore de certitude. Mais comme quelque 100 épreuves de ce genre, variées à l'infini, ont toutes abouti à des résultats du même ordre, nous pouvons être certains que les abeilles s'orientent d'après la lumière polarisée du ciel.

LES DANSES DE L'ESSAIM

Le souci d'une nourriture suffisante ne constitue certainement pas la seule circonstance dans laquelle se fasse sentir, pour la colonie d'abeilles, la nécessité d'une entente réciproque. Mais comment celle-ci peut-elle bien s'opérer ? Un seul autre cas, jusqu'à présent, nous permet de nous en rendre compte : le choix d'une demeure pour l'essaim.

Immédiatement après avoir essaimé, les abeilles se réunissent autour de leur reine et forment une « grappe », qui est la plupart du temps suspendue à un arbre des environs (fig. 31, p. 44). C'est alors aux *éclaireuses* qu'incombe la tâche de découvrir à la jeune colonie un abri approprié : arbre creux, cavité ménagée dans le roc ou dans un mur, ruche vide, et ainsi de suite. Les émissaires s'en vont par douzaines, dans toutes les directions, et il ne faudra pas longtemps pour que l'un ou l'autre d'entre eux ait découvert, ici ou là, un emplacement qui mérite d'être pris en considération, quand bien même il serait à des kilomètres de distance. A leur retour, les éclaireuses dont les recherches ont été couronnées de succès *dansent* sur la grappe formée par l'essaim, et indiquent ainsi la direction et l'éloignement de l'abri qu'elles ont trouvé, exactement comme le font les pourvoyeuses pour la localisation d'une récolte. A la suite de cela, on observe un nombre croissant de danses dans l'essaim ; les unes indiquent une petite distance, les autres une plus grande ; celles-ci une telle direction, celles-là encore une autre, chacune selon l'habitat découvert. Il est curieux de constater que la vigueur avec laquelle la danseuse invite les ouvrières à se joindre à elle, est en rapport avec le lieu en faveur duquel elle se démène. De même que les danses, pour une récolte abondante et très sucrée, sont pleines de vitalité et mettent toute la colonie en émoi alors qu'elles s'alanguissent lorsque le nectar possède moins de qualités, ainsi les éclaireuses, s'en tenant à des normes très strictes, dansent d'autant plus vigoureusement que l'abri découvert par elles répond mieux aux besoins de la colonie. Et ici, beaucoup de facteurs entrent en ligne de compte : les dimensions de l'excavation repérée, le fait que son entrée soit protégée du vent et qu'il n'y ait pas de courants d'air à l'intérieur, une éventuelle odeur qui devra plaire aux abeilles, et qui sait quoi d'autre encore !

Alors se produit, en quelques heures ou parfois même en quelques jours, une chose extrêmement remarquable. Les danseuses les plus animées sont suivies d'un nombre de plus en plus grand de compagnes qui sont allées explorer l'endroit signalé et qui — après s'être pour ainsi dire convaincues « de visu » de ses qualités — se mettent à danser et à faire de la propagande pour lui. Il arrive même que des danseuses qui jusqu'alors avaient fait du racolage en faveur d'une autre demeure présentant moins d'avantages, soient entraînées par le tourbillon d'une éclaireuse plus heureuse qu'elles et se laissent convertir, en ce sens qu'elles commencent par suivre leur concurrente dans la grappe de l'essaim, puis que, obéissant à ses directives, elles s'en aillent visiter l'autre abri et finissent même par faire du recrutement pour leur rivale. Beaucoup d'éclaireuses qui ne pouvaient défendre *leur* découverte avec autant d'ardeur, cessent tout simplement de danser lorsque les choses ont atteint ce stade. Peu à peu, on en arrive ainsi à une *unification* : toutes dansent au même rythme et selon la même direction, et dès que les choses en sont là, la grappe de l'essaim se disloque et s'envole, sous la conduite de centaines d'ouvrières qui connaissent déjà le chemin, vers l'objectif qui a recueilli, de tous, le plus de suffrages.

Vraiment, l'homme aurait beaucoup à apprendre des abeilles ! Mais il ne prend même pas la peine de les regarder comme il faudrait. Avant même que les processus que nous venons de décrire n'aient atteint leur plein développement, il a coutume de se saisir de l'essaim et de le jeter dans ses caisses — voilà comment, n'écoutant très souvent que son propre intérêt, il bouleverse brutalement le cours naturel des choses.

OÙ LES ABEILLES DANSENT AU SERVICE DE L'APICULTURE ET DE L'AGRICULTURE

Celui qui connaît bien la langue des pays et des peuples qu'il visite s'en trouvera mieux et obtiendra plus que celui qui ne la connaîtrait pas. Il en est de même des rapports existant entre l'apiculteur et ses colonies : la connaissance de la « langue » des abeilles lui permet de les faire mieux servir ses desseins.

Une fois qu'arrive l'été, le temps des grosses récoltes est passé. Il y a bien encore de nombreuses plantes qui fleurissent, mais les sources de nectar ne coulent plus aussi abondamment que quelques semaines auparavant. L'apiculteur averti sait qu'à ce moment, dans beaucoup de prairies, les cirses, ces grands chardons, dressent vers le ciel par centaines de milliers leurs têtes enveloppées dans un involucre vert, et qu'ils peuvent lui rapporter encore maintes livres de miel. Mais les abeilles ne font plus preuve d'autant de suite dans leur activité. Ce sont surtout des bourdons que l'on voit s'affairer autour des cirses. Ils ont l'avantage d'avoir une plus longue trompe que les abeilles, et d'ailleurs celles-ci ne trouvent pas assez de nectar dans ces fleurs pour danser et demander du renfort lors de leur retour à la ruche. L'éleveur s'en rend compte, non sans déplaisir. Comment faire comprendre aux ouvrières qu'elles ne devraient pas rester à la ruche sans rien faire et que cela vaudrait quand même la peine d'aller chercher ce qu'il y a dans les fleurs de cirse ?

Il *peut* pourtant le leur dire, s'il s'entend à leur parler. Pour cela, il lui suffit d'attirer avec du miel et de l'eau sucrée quelques abeilles de ses ruches vers un bouquet de cirses et de les y nourrir en l'arrosant de liqueur sucrée ; elles danseront, alors, et le parfum qu'elles emportent révélera la provenance de leur butin et le but que visent leurs appels pressants. Leurs congénères s'envolent bientôt et se mettent à la recherche du parfum de cirse, si prometteur. Le nombre de visites que les abeilles font à ces fleurs s'en trouve multiplié un grand nombre de fois.

Dans la pratique, le procédé a subi diverses modifications et simplifications. Au lieu de faire manger les abeilles sur des fleurs de cirse, on peut très bien leur présenter, dans la ruche, une solution sucrée qui en ait l'odeur. Pour cela, il suffit de plonger les fleurs dans de l'eau sucrée, et de les y laisser quelques heures. Quant aux fleurs dont le parfum se modifie par le séjour dans l'eau sucrée et ne répondrait donc plus à ce qu'on attend de lui, on les fait sécher, puis on les met, avec de l'eau sucrée, dans une petite boîte que l'on place alors devant le trou de vol de la ruche. De cette façon, des apiculteurs au courant des progrès purent obtenir sans grand effort d'importantes récoltes de miel provenant de cirses ou d'autres plantes, alors que leurs voisins restaient les mains vides.

Il n'est pas rare non plus que l'agriculteur soit désireux d'attirer les abeilles vers une plante donnée, pour en améliorer la pollinisation et en augmenter le nombre de graines. Ainsi, pour le trèfle incarnat, l'une de nos plantes fourragères les plus importantes, l'obtention des graines nécessaires à la culture est difficile et incertaine. Le nectar de ces fleurs à bourdons n'est pas facilement accessible aux abeilles, dont la trompe est trop courte pour pénétrer jusqu'au fond des fleurons. Là où l'on cultive des champs entiers de trèfle, il y a trop peu de bourdons pour en polliniser toutes les fleurs. Les abeilles, elles, ne volent pas volontiers vers ces champs qui ne leur rapportent pas grand-chose, et elles se tournent de préférence vers de meilleures sources. Le résultat, c'est que la récolte de graines est mauvaise, à moins que — ce qui arrive rarement — le trèfle incarnat ne sécrète un nectar extrêmement abondant, qui lui attire la visite d'un plus grand nombre d'abeilles. Il y a cependant moyen de remédier à cette situation malencontreuse. On installe des ruches près des champs de trèfle et on sensibilise les abeilles à l'odeur du trèfle, de la façon que nous avons indiquée. Le nombre des abeilles qui butinent le trèfle s'en trouve augmenté au point que la récolte de graines s'accroît de 40 % en moyenne. Dans les régions où pousse le trèfle incarnat, le fait qu'on puisse désormais compter sur son rendement en semences a suscité chez les grainetiers expérimentés un vif intérêt pour ce procédé de « direction par le parfum ». Si celui-ci n'est encore appliqué qu'en peu d'endroits, il est pourtant certain qu'il prendra bientôt une plus grande extension là où on est contraint d'exploiter à fond le sol. En effet, la peine modique qu'il faut se donner pour exhorter les abeilles au travail dans leur propre « langue », aide en fin de compte l'apiculteur à remplir ses pots à miel et fait réaliser un gain important à l'agriculteur.

XII

LES ABEILLES ET LA MÉMOIRE DU TEMPS

Chacun de nous a une notion du temps, qui lui vient de son expérience personnelle. Cette notion sera plus ou moins exacte, mais elle ne fera jamais totalement défaut.

Même un chien ou un perroquet retiennent très bien l'heure d'événements réjouissants, lorsque ceux-ci se reproduisent régulièrement. Vu l'organisation tellement différente des insectes, il n'est pas possible de présumer avec quelque fondement si pareille chose se rencontre aussi chez eux. Seule l'expérience peut en décider :

Nous aménageons à nouveau un endroit où nous présentons à manger à nos abeilles ; ce sera une table installée en pleine campagne, et nous les y attirerons encore en y plaçant une petite écuelle avec de l'eau sucrée. Les ouvrières qui y viennent sont numérotées (cf. pp. 50 et ss.), en sorte que nous puissions reconnaître chacune d'elles individuellement. Cependant, nous n'allons pas leur donner à manger pendant toute la journée, mais seulement à certains moments, par exemple l'après-midi de 4 à 6 heures. Avant et après cela, le petit récipient reste vide. Nous procédons de même les jours suivants. Les émissaires de la troupe numérotée qui viennent à notre table avant 4 heures ou après 6 heures n'y trouvent rien à manger, et retournent bredouille à la ruche. Après un certain nombre de jours pendant lesquels on a nourri les abeilles de 4 à 6 heures, nous voici au jour critique : cette fois il n'y a *rien* à manger, le petit récipient restant vide, même de 4 à 6 heures ; un observateur reste là de 6 heures du matin à 8 heures du soir et fait le relevé de toutes les abeilles qui viennent à l'écuelle. C'est un travail fastidieux, car des 6 abeilles qui s'étaient montrées près de l'écuelle les jours précédents, il n'en vient ce jour-là, de 6 heures du matin à 3 h. 30 de l'après-midi, qu'une seule, l'abeille N° 11, pour voir ce qui se passe. Elle y vient entre 7 heures et 7 h. 30 du matin, puis encore une seconde fois peu après. A part cela, le calme le plus absolu règne à notre table. Mais lorsqu'on approche de l'heure à laquelle on mettait d'habitude de l'eau sucrée dans le récipient, le tableau s'anime, et de 4 à 6 heures, on enregistre 38 visites, dont 5 abeilles marquées sur les 6. Bien qu'elles soient venues en pure perte, elles se sont à peine éloignées de la table qu'elles font demi-tour et y reviennent, jusqu'à 10 fois en une demi-heure, examinant chaque fois l'écuelle vide avec opiniâtreté, comme s'il *devait* y avoir quelque chose à y trouver. Lorsqu'on arrive à la fin des deux heures habituelles, donc vers les 6 heures, le va-et-vient diminue rapidement, et le calme renaît bientôt. L'expérience a donc réussi au-delà de toute attente. La représentation donnée par la figure 95 en concrétise le résultat beaucoup mieux que les mots ne peuvent le faire. La ligne horizontale du bas porte les heures, depuis 6 heures du matin jusqu'à 8 heures du soir (20 heures). On a mis en évidence, en l'encadrant, la période allant de 4 à 6 heures (16 à 18 heures), pendant laquelle il y avait quelque chose à manger sur la table les jours précédents. De petits traits divisent la ligne horizontale en périodes d'une demi-heure ; au-dessus de chacune de celles-ci, on voit les abeilles qui sont venues au récipient, chacune étant figurée par un carré portant son numéro d'ordre.

L'expérience a été répétée souvent, avec d'autres abeilles

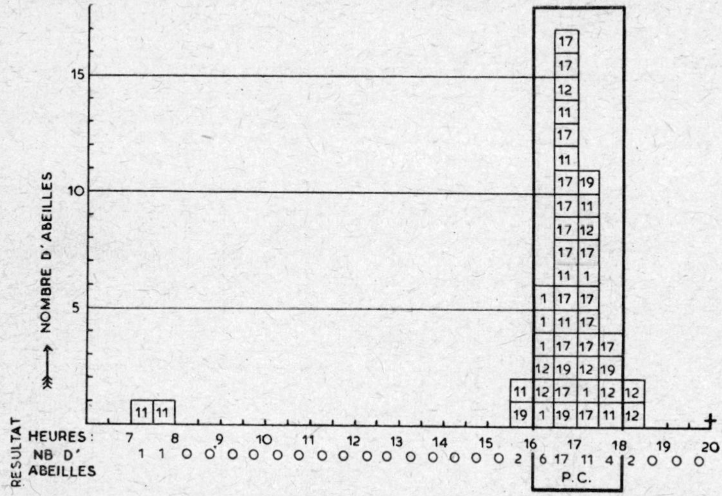

Fig. 95. — Résultat d'une épreuve de mémoire du temps. On avait présenté, à un endroit donné, de l'eau sucrée à quelques abeilles numérotées, et cela tous les jours de 16 à 18 heures. Le jour de l'expérience (20 juillet 1927), l'écuelle resta vide toute la journée, même pendant la période à laquelle on avait habitué les abeilles. La ligne horizontale du dessous donne les heures de la journée. De demi-heure en demi-heure, on a noté les abeilles qui sont venues vers la petite écuelle. Chaque carré représente une abeille, avec son numéro distinctif. Des carrés situés l'un au-dessous de l'autre et portant le même numéro signifient donc que pendant la demi-heure considérée une même abeille est venue plusieurs fois de la ruche à l'écuelle, pour jeter un coup d'œil sur cette dernière. (D'après Ingeborg Beling.)

et à toutes les heures du jour. Les résultats obtenus ne laissèrent subsister aucun doute : après quelques jours déjà, les abeilles retiennent avec une précision surprenante l'heure à laquelle on leur offre de la nourriture.

Ce succès nous incita à soumettre leur mémoire du temps

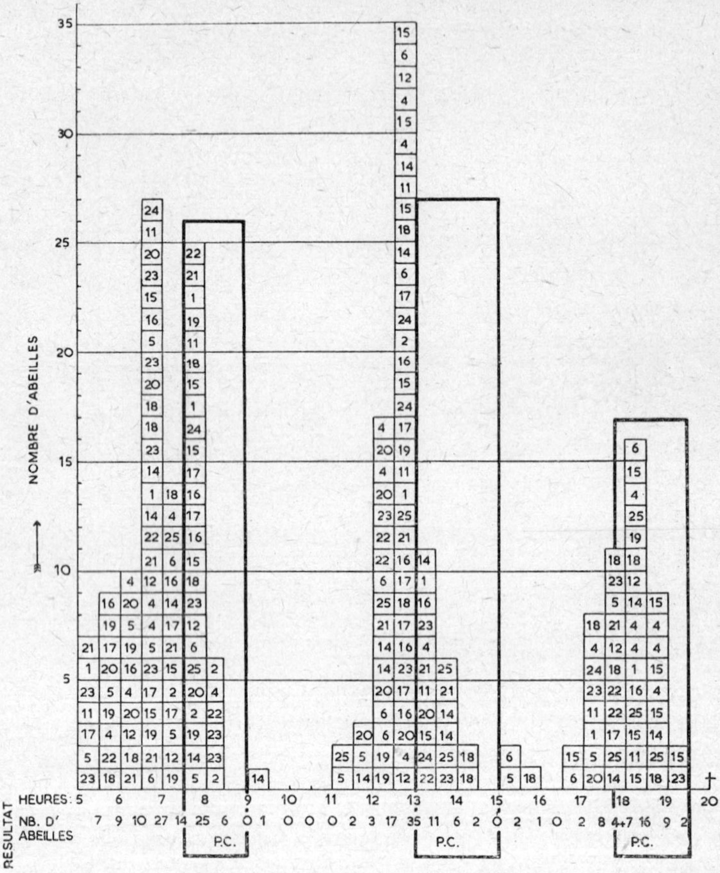

Fig. 96. — Résultat d'un dressage à trois moments différents de la journée. Durée du dressage : 6 jours. Le jour de l'expérience, 13 août 1928, bien qu'il n'y eût rien à manger sur la table de toute la journée, les 19 abeilles numérotées y vinrent toutes, et cela aux heures indiquées par la figure. (D'après Ingeborg Beling.)

à une épreuve plus difficile. Tous les espoirs furent dépassés. On réussit aussi un dressage simultané pour 2, 3, voire

5 heures différentes de ravitaillement. La figure 96 donne un exemple de dressage à trois périodes. Notons que la ponctualité des abeilles en a quelque peu souffert : elles arrivent trop tôt, phénomène que l'on peut déjà observer assez fréquemment lorsqu'on les dresse à *une* période de la journée. Cela ne manque d'ailleurs pas du tout de logique : mieux vaut arriver trop tôt que trop tard, si l'on songe que la nature regorge de bouches affamées qui n'ont que trop tendance à se frustrer l'une l'autre de leur nourriture. Nous ne ferons donc pas trop grief aux abeilles de leur arrivée prématurée. Et si l'on considère que, ce 13 août, jour de l'expérience, elles n'ont pas trouvé, de toute la journée, une seule goutte d'eau sucrée sur notre table, un simple coup d'œil jeté sur la figure 96 nous montre clairement que les trois moments auxquels on leur a donné à manger les six jours précédents ne sont pas restés sans exercer sur elles un certain effet.

Après ces constatations, la question qu'on se pose tout naturellement est de savoir où est la montre de l'abeille. Se trouve-t-elle dans son jabot, qui se mobilise aux heures auxquelles on a l'habitude de lui présenter quelque chose, et qui la pousse de la ruche au petit récipient ? Cette explication n'est pas bonne, car quand l'abeille vient se *nourrir* à notre petite écuelle, elle ne le fait pas dans le sens que l'on prête d'habitude à ce mot ; elle n'y vient pas pour s'y rassasier, mais pour y faire des provisions qu'elle entreposera dans la ruche ; et quand elle est dans celle-ci, elle se trouve à longueur de journée sur des rayons pleins de miel, n'ayant qu'à étendre la trompe pour apaiser sa faim quand elle le désire. D'ailleurs, l'expérience que voici réduira à néant une telle interprétation : offrons à une troupe d'abeilles, pendant plusieurs jours, du matin au soir, de l'eau sucrée qui sera cependant plus abondante et plus concentrée que d'habitude à certaines heures de la journée. Les ouvrières récoltent sans arrêt, leur jabot ne demeure jamais vide, et pourtant, le jour où on les observe en gardant vide le récipient, c'est au « meilleur moment » qu'elles s'y affairent avec le plus d'ardeur. — Peut-être l'abeille observe-t-elle alors, comme le pèlerin, la position du soleil ? Nous pourrions presque le croire, maintenant que nous savons qu'en certaines circonstances elle y fait très exactement attention. La situation du soleil joue-t-elle ou non un rôle décisif au point de vue de l'orientation dans le temps ? Nous ne pouvons pas le deviner, et pour le savoir il nous faut recourir à une nouvelle expérience.

On peut transporter toute une colonie d'abeilles dans une chambre obscure et l'y laisser pendant des semaines et des mois, avec quatre murs fermés pour tout horizon. Si l'on maintient cette prison à température constante (25-28°) et si on l'éclaire vivement à la lampe, si l'on offre d'autre part aux abeilles une nourriture suffisante, à des sources d'approvisionnement artificielles, une petite colonie reste ainsi en bonne santé, plusieurs années durant, dans des conditions si peu naturelles. Désormais, elle ne connaît plus de saisons et ses rayons renferment du couvain hiver comme été. Vu la clarté uniforme, toute possibilité lui fait défaut de connaître l'heure d'après la position du soleil ou d'après l'intensité de l'éclairement. Pourtant le dressage au temps réussit encore dans de telles conditions, lorsque dans cet espace de vol limité l'on habitue les abeilles à un emplacement de la nourriture et qu'on les y ravitaille à des heures déterminées. Grâce à notre éclairage artificiel, nous pouvons même étendre nos expériences à la période nocturne et avec ces heures anormales de ravitaillement, nous rencontrons le même succès que pendant le jour.

L'épreuve de dressage à un intervalle de temps différent de 24 heures ne réussit pas. On peut offrir pendant des semaines de la nourriture toutes les 19 heures — ce qui, dans notre chambre obscure, avec le même éclairement la nuit que le jour, n'offre aucune difficulté —, l'espacement de 19 heures n'est pas saisi. De même, si on les nourrit toutes les 48 heures pendant très longtemps et qu'on les observe alors pendant deux jours, les abeilles se présentent à notre table 24 heures après qu'on leur ait donné à manger pour la dernière fois. On a l'impression que ce n'est pas l'intervalle qui sépare les moments où on leur donne à manger, qu'elles remarquent, mais l'heure du jour à laquelle on l'a fait.

Fig. 97. — Une expérience transocéanique sur la notion du temps chez les abeilles. Des abeilles dressées à Paris à être nourries à une heure déterminée, furent transportées par avion à New York pour y être mises à l'épreuve. (D'après M. Renner.)

Il y a visiblement deux possibilités : ou bien les abeilles se fondent sur la périodicité quotidienne d'influences que nous ne percevons ni ne connaissons, ou bien elles portent leur montre en elles, dans leur métabolisme. Dans ce dernier cas, l'échec du dressage au rythme de 19 ou de 48 heures serait simplement imputable au fait que, par leurs mœurs, les abeilles sont solidement liées au cycle de 24 heures et refusent de se plier à d'autres périodes.

C'est une *expérience transocéanique* qui fournit un résultat décisif. L'on construisit à Munich deux chambres obscures, démontables, absolument les mêmes, dont l'une fut envoyée à Paris et l'autre à New York. Lorsque, à midi exact, le soleil occupe à Paris sa position la plus élevée, il apparaît comme soleil matinal aux habitants de New York, car il n'y est que 7 heures (fig. 97). Les abeilles se guident-elles selon la position locale du soleil, éventuellement perçue, même dans la chambre obscure, par un rayonnement pénétrant ou d'une façon qui nous échappe ? En ce cas, elles doivent, après avoir été dressées au temps de Paris et transportées rapidement par delà l'océan, se présenter à New York à leur écuelle de nourriture. Ce n'est nullement ce qui se produisit. Dressées à venir se restaurer à une heure déterminée, transportées par avion à New York et logées dans la même chambre obscure, les petites voyageuses transocéaniques continuèrent à s'attabler à l'heure de Paris. Les abeilles sont donc vraiment à même de lire l'heure à une « montre intérieure ».

Elles nous démontrent encore cette aptitude d'une manière très différente et très impressionnante : lorsque les éclaireuses d'une colonie ayant envie d'essaimer ont trouvé un habitat convenable, elles en font connaître l'emplacement à leurs camarades par des danses (pp. 174 et ss.) en indiquant la direction du but d'après la position solaire (p. 160). Parfois, elles restent dans la ruche pendant de nombreuses heures et, durant ce temps, elles continuent, en répétant leurs danses, à attirer l'attention sur la possibilité de nidification qu'elles ont découverte. Il ne leur est pas possible de voir que, dans l'entretemps, le soleil progresse sur son parcours céleste, car elles sont dans la ruche. Pourtant, dans leur marathon de danse, elles changent d'une façon continue leur angle par rapport à la direction de la verticale, et cela de la valeur exacte représentant la modification intervenue en même temps dans l'angle entre le but et la position du soleil. Elles le font aussi si on met la ruche, fermée, dans une cave d'où elles ne peuvent apercevoir ni le soleil ni le ciel. En se comportant ainsi, elles nous fournissent une nouvelle preuve de ce qu'elles possèdent une « montre intérieure » et sont familiarisées avec le parcours quotidien du soleil.

Cette mémoire du temps si bien développée peut nous faire l'effet d'un don naturel bien inutile, chez l'abeille. Le fait de remplir notre petite écuelle d'après ce qu'indique notre montre est certes très arbitraire, et n'a apparemment pas grand-chose à voir avec les conditions naturelles. Pourtant, il ne s'en écarte pas autant qu'il semble : la nature aussi met le couvert à certaines heures pour les abeilles. La sécrétion de nectar ne se fait pas de façon régulière. La plupart des fleurs n'offrent une bonne récolte qu'à certaines heures de la journée, et à d'autres beaucoup moins ou même rien du tout. Pour bon nombre de plantes, ce sont les heures matinales qui sont les « meilleures », pour d'autres ce sont celles du milieu de la journée, pour d'autres encore c'est l'après-midi, et chaque espèce s'applique à être constante dans ce domaine. Comme les abeilles témoignent d'une très grande fidélité en ce qui concerne les fleurs qu'elles butinent, et que des sujets donnés ne s'intéressent qu'à une sorte de fleurs durant des jours, il en résulte qu'un groupe de pourvoyeuses aura beaucoup de travail à certaines heures et sera inactif à d'autres. Des abeilles inactives devraient rester dans la ruche, car au dehors le monde est plein de dangers.

Et effectivement, si la source à laquelle puise le groupe d'ouvrières se tarit transitoirement, elles restent à la ruche. Seuls, des émissaires s'envolent isolément et vont voir s'il y a de nouveau quelque chose. Si l'un d'eux vient à trouver les fleurs à nouveau bien pourvues, il danse sur les rayons, exactement comme lors de la découverte d'une nouvelle source de butin (pp. 137 et suivantes), et fait ainsi rentrer la troupe en lice. Si c'est anormalement que la récolte se tarit, il y aura continuellement des éclaireuses en route, pour ne pas manquer l'instant où se justifie un nouveau rappel du groupe. Dans le cas d'un butin rigoureusement limité à certaines heures, on voit bientôt cesser les vols de reconnaissance, aux moments où ils n'ont aucune chance de succès.

Alors tout le groupe des récolteuses a l'habitude de se retirer de la zone agitée de la « salle de danse » et d'aller sommeiller dans un endroit tranquille vers le bord du rayon. Cependant, l'horloge intérieure continue sa marche. Comme si elles avaient remonté un réveil, la bande apparemment somnolente commence à s'agiter dès qu'approche l'heure du repas suivant. De partout, elles se traînent vers l'endroit du rayon où les danses se poursuivent et où elles ont chance de rencontrer les premières pourvoyeuses rentrant d'un fructueux voyage — ceci pour autant qu'elles ne se soient pas elles-mêmes, de leur propre initiative, déjà mises au travail.

XIII

LES FACULTÉS MENTALES DES ABEILLES

Ce chapitre sera court, car on ne doit pas beaucoup parler de ce qu'on connaît peu.

Mais quelque chose doit cependant être dit. Lorsqu'on est au courant de la façon si judicieuse dont les abeilles construisent leurs alvéoles hexagonaux, de leurs possibilités de dressage, de l'habileté avec laquelle elles envoient leurs compagnes vers le butin qu'elles ont découvert, de l'énergie avec laquelle elles évincent les faux bourdons au moment où ceux-ci ne sont plus d'aucune utilité à la colonie, on est tenté de leur reconnaître un degré appréciable d'intelligence. Pourtant, l'utilité d'un acte ne prouve pas encore qu'il ait été posé après réflexion.

Nous disons que quelqu'un exécute un acte raisonnable lorsque, mettant à profit ses expériences antérieures, il fait ce qu'il faut dans une situation nouvelle, inaccoutumée. Pour cela, il faut donc pouvoir se souvenir des événements antérieurs, saisir la situation actuelle, et mettre mentalement celle-ci en rapport avec les images qu'évoque la mémoire.

La première de ces conditions, une bonne mémoire, est

réalisée chez les abeilles. Les expériences de dressage dont il fut question dans les chapitres précédents nous ont amplement donné l'occasion de nous en convaincre. Si on les dresse à une couleur, c'est encore vers elle que les ouvrières voleront pour y chercher de la nourriture, après plusieurs jours pendant lesquels le mauvais temps les a empêchées de sortir ; c'est pendant des semaines, et probablement jusqu'à la fin de leur vie, qu'elles gardent le souvenir d'un *parfum* auquel on les a dressées, même si on le leur avait radicalement enlevé après peu de temps.

On ne peut pas mettre en doute non plus le fait que les abeilles soient capables de faire certaines associations mentales. Si par exemple nous arrivons à les dresser au bleu en leur donnant à manger dans une boîte de cette couleur, c'est bien la preuve qu'elles ont mis en rapport la couleur bleue qu'elles ont vue en se glissant dans la boîte, avec la nourriture qu'elles y ont trouvée, et qu'elles ont « saisi » la relation.

Nous ne pouvons cependant guère évaluer leurs aptitudes intellectuelles, vu les limites extrêmement étroites dans lesquelles elles se cantonnent.

Cela me fait penser à une histoire concernant une abeille maçonne ; il s'agit d'une proche parente de notre abeille à miel, mais qui ne vit pas en société. Pour chacun de ses œufs, elle construit une cellule ronde, avec de l'argile, et elle la remplit de miel jusqu'à ce que la provision soit suffisante pour nourrir la larve, de son éclosion à sa maturité. Lorsque ces réserves sont rassemblées, l'abeille maçonne pond son œuf dessus, ferme l'orifice de la cellule pour protéger sa larve contre les attaques ennemies, et sans se préoccuper davantage du sort de sa progéniture, elle se met à construire la cellule suivante. — Un observateur fait part de l'expérience que voici : tandis que la mère abeille est partie butiner des fleurs, il pratique une ouverture au bas d'une cellule qui vient d'être faite et qui n'est pas encore pourvue de ses réserves ; à son retour, l'abeille remarque le changement, car elle examine le trou béant avec ses antennes ; elle n'a pourtant pas l'idée de le colmater, quoiqu'elle soit à même de le faire facilement, et, comme si de rien n'était, elle se défait de sa charge, qui tombe par le trou du bas. Chaque fois qu'elle revient de faire sa récolte, elle continue à déverser son chargement à travers le trou. On pourrait s'attendre à ce qu'elle redouble de zèle du fait de l'insuccès de son activité, ou qu'elle comprenne l'inutilité de ses efforts et abandonne la cellule. Pas du tout, elle ramène autant de provisions qu'il en faut normalement pour l'entretien d'une larve, puis elle pond son œuf, qui, lui aussi, tombe par l'orifice du fond, et elle colmate soigneusement le dessus de l'alvéole, toujours béant en bas.

Je ne sais pas si cette description est exacte dans tous les détails. Mais si même elle ne l'était pas, elle serait en tout cas admirablement inventée, et convient bien à diverses expériences du même genre effectuées sur d'autres insectes, voire sur l'abeille ordinaire. Pour cette dernière, je ne pourrais citer d'exemple d'acte vraiment raisonnable. Les dressages eux-mêmes, auxquels nous faisions allusion tout à l'heure, échouent dès que ce qu'on demande aux abeilles s'écarte un peu de ce que, depuis des centaines de milliers d'années, elles ont l'habitude de faire lorsqu'elles vont butiner les fleurs. L'association d'un parfum floral à la découverte d'une récolte, par exemple, fait pour ainsi dire partie de leur bagage intellectuel naturel. Mais lorsqu'on veut les dresser à une odeur, il suffit qu'on en choisisse une putride au lieu de l'habituel parfum de fleur, pour que le dressage échoue. Cette odeur putride ne peut cependant pas leur être désagréable, car elles survolent sans la moindre hésitation la boîte qui la répand et qui contient de la nourriture. D'autre part, on peut montrer par des épreuves particulières que le « nez » de l'abeille perçoit aussi clairement cette odeur que celle d'une fleur. Seulement, les ancêtres de nos abeilles n'ont jamais trouvé du miel là où régnait une odeur putride. Etablir par ses propres forces un lien intellectuel dépasse les capacités individuelles de l'abeille.

Ce que les colonies d'abeilles peuvent apprendre ne sort donc pas du cadre étroit de ce qui revêt une signification pour elles dans des circonstances naturelles et de ce dont elles ont l'habitude depuis les temps les plus reculés. L'ouvrière s'en tient à la couleur bleue ou au parfum de la rose si elle a trouvé à manger là où elle les a rencontrés, tout comme l'avaient fait ses ancêtres au cours d'innombrables générations. Ce sont encore celles-ci qui lui ont transmis cet héritage immatériel qui lui fait construire des alvéoles hexagonaux en cire, faire ses pelotes de pollen, indiquer par ses danses la situation d'une récolte qui en vaut la peine, ou éliminer les faux bourdons lorsque leur ère est révolue. Les mêmes circonstances appellent immuablement les mêmes actes.

Personne ne peut dire avec certitude si les abeilles ont quelque conscience de leurs agissements. Personne non plus n'a encore pu découvrir comment leurs aïeux ont acquis les aptitudes que chaque génération reçoit aujourd'hui, toutes prêtes, en héritage.

XIV

ENNEMIS ET MALADIES DES ABEILLES

Le bien-être peut être la source de dangers, car il éveille facilement la cupidité chez ceux qui sont moins favorisés. Si les colonies d'abeilles ne défendaient pas leurs succulentes provisions d'hiver au moyen d'armes aussi venimeuses, il y aurait longtemps que, toutes, elles seraient disparues de la surface du globe. Dans leur habitat primitif, la forêt vierge des temps anciens, c'étaient surtout de grands gourmands, les ours, qui saccageaient les colonies. Quand ces plantigrades se firent plus rares, l'homme s'adonna de plus belle au pillage du miel. L'abondance de sucre que nous connaissons aujourd'hui, grâce à son extraction des betteraves indigènes, est une conquête récente. Autrefois, on utilisait le sucre de canne, qui provenait de l'Extrême-Orient, et plus tard de l'Amérique. De nos jours encore, la boîte à sucre en argent qu'on peut voir dans certaines maisons nous prouve par sa serrure, dont on a perdu la clef depuis longtemps, combien son contenu était précieux du temps de nos arrière-grand-mères. A ce moment, le miel était une substance beaucoup plus convoitée qu'aujourd'hui, et quelques centaines d'années auparavant, il n'y avait de sucre, pour les Européens, que celui que les abeilles avaient récolté dans les calices des fleurs. Rien d'étonnant, donc, à ce que l'homme ait été le pire ennemi des abeilles. Mais la situation a changé : elles sont maintenant pour lui des animaux domestiques qui lui sont devenus chers, et dont il prend soin pour n'utiliser que leur superflu. L'ours des anciens récits a également cessé d'exister. Quant au petit monde avide de miel, comme les fourmis, les guêpes, les sphinx tête de mort, ou parfois une petite souris, il est bien capable d'importuner les abeilles mais ne peut guère leur causer de dommages sérieux.

Ce serait pourtant une erreur de croire que les abeilles coulent leurs jours dans une paix absolue. Il leur reste encore tellement d'ennemis qu'on pourrait écrire tout un livre sur eux seuls. C'est d'ailleurs ce qui fut fait à plusieurs reprises, et s'il désire les connaître de même que les moyens de s'en préserver, l'apiculteur n'aura qu'à consulter un de ces ouvrages. Nous ne nous occuperons ici que de quelques-uns de ces animaux, qui ont une importance particulière et dont la personnalité revêt d'ailleurs un certain attrait.

Il y a le *Philanthe apivore*, appelé en allemand « loup des abeilles ». Ce n'est pas un loup, mais une guêpe fouisseuse, qui doit son surnom à sa rapacité. Les guêpes fouisseuses sont proches de celles qui vivent en colonies, mais elles vivent en solitaires et font la chasse à différents insectes, qu'elles donnent alors en pâture à leur progéniture. De plus, chaque espèce de guêpe fouisseuse en veut à une proie bien déterminée, qu'elle s'entend magnifiquement à dépister et à dompter. Notre « loup » s'est choisi la vaillante abeille à miel. A peine plus grand qu'elle, mais plus agile, il fond sur elle pendant qu'elle butine une fleur et la pique à la gorge ou dans la peau tendre qui se trouve à la jonction des parties antérieure et moyenne du thorax, comme s'il savait très exactement que c'est là que se trouvent les endroits les plus vulnérables (fig. 98). Il enlace alors la partie de l'abdomen de l'abeille où est logé son jabot, et, la comprimant, fait sortir par sa bouche, pour s'en délecter, le nectar qu'elle avait récolté à d'autres fins. Il s'envole alors avec elle sous son ventre et la porte jusqu'à un trou qu'il a creusé déjà auparavant dans un sol sablonneux et qui, par un étroit

Fig. 98. — « Loup des abeilles » piquant et paralysant une abeille à miel. (D'après H. Thiem.)

couloir, mène au repaire de sa progéniture. Après avoir aligné proprement trois ou quatre abeilles qu'il a traitées de la même façon, il pond un œuf près de l'une d'elles, et s'en va poursuivre ses activités dans une autre niche de la galerie, à moins qu'il ne commence à creuser un nouveau trou. L'œuf donne naissance à une larve qui ressemble à celle d'une mouche et qui se met sur-le-champ à dévorer l'une après l'autre les abeilles qui gisent là, à sa disposition (fig. 99). Comme la piqûre de la guêpe les a paralysées, et non tuées, elles restent fraîches, comme une provision de viande bien conservée, tout en étant livrées sans défense à la larve indolente. Lorsqu'elle s'est suffisamment développée, celle-ci se confectionne un cocon dans son repaire, pour éclore l'été suivant et exercer à son tour le métier de sa mère.

Dans les régions où le « loup des abeilles » trouve des conditions favorables à l'établissement de son nid, il peut causer de grands dégâts. Dans la vallée de la Wera, région de Hesse-Thuringe où l'on fabrique de la potasse, les tas de cendres de lignite ou de résidus salins lui conviennent tout

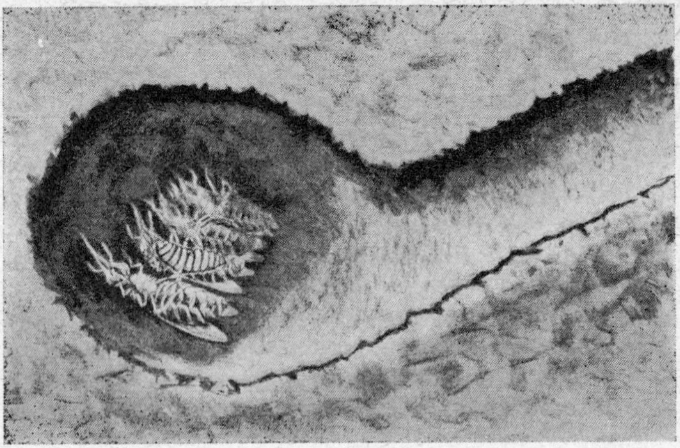

Fig. 99. — Nid du « loup des abeilles ». Une larve est occupée à dévorer les abeilles paralysées. (D'après H. Thiem ; légèrement modifié.)

particulièrement. La guêpe s'y est multipliée dans de telles proportions que l'élevage des abeilles fut sérieusement menacé et que beaucoup d'apiculteurs y renoncèrent, jusqu'à ce qu'on arrivât, grâce à des mesures dispendieuses, à combattre efficacement le fléau. Le recensement attentif des nids trouvés sur une étendue de terrain de 150 mètres de long et 100 de large conduisit à admettre, pour cette seule superficie, le sacrifice annuel de près de deux millions d'abeilles, soit la population totale de quelque 50 ruches.

Si le « loup des abeilles » est un redoutable chevalier

pillard, le *pou des abeilles* (*Braula coeca*) lui est assez opposé. Constatons d'abord qu'il n'est pas plus un pou que l'autre n'est un loup. C'est plutôt au groupe des mouches qu'il appartient ; seulement, son parasitisme lui a fait perdre la faculté de voler, et même les ailes. Ces animaux doivent leur nom au fait que, à la manière des poux, ils se promènent dans la toison qui recouvre le corps de l'abeille ; les pointes de leurs pattes, armées de griffes, leur assurent d'ailleurs une prise sûre. Leurs préférences vont à la reine, sur laquelle,

Fig. 100. — Ouvrière portant deux poux des abeilles (braules), dont l'un, installé près de sa bouche, mendie de la nourriture.

dans les ruches qu'ils envahissent, on les rencontre parfois par douzaines ; on les trouve aussi chez les ouvrières, mais moins nombreux. Lorsqu'ils ont faim, ils se mettent à courir sur la tête de l'abeille, se cramponnent à côté de sa bouche et frappent sa lèvre de leurs pattes (fig. 100). Une sensation de picotement à cet endroit signifie, dans la langue que les abeilles parlent entre elles au moyen de leurs antennes, que leur congénère a faim. Effectivement, l'abeille sollicitée tombe dans le piège que lui tend son petit cavalier, ouvre la bouche et en laisse sortir une gouttelette de miel. Quant à la reine, elle reçoit sa nourriture de la bouche des abeilles qui prennent soin d'elle ; à cette occasion, les poux royaux se mettent à table avec elle, et n'ont même pas besoin de mendier. Rien que de très inoffensif à tout cela, mais lors d'une invasion grave, la reine est harcelée et pond moins d'œufs qu'elle ne devrait. L'apiculteur vigilant la retirera de la ruche et la délivrera de ses hôtes indésirables en l'enfumant dans le creux de sa main.

En dehors de la guêpe rapace et de la mouche gourmande, il existe un papillon qui, lui, est un ennemi des abeilles beaucoup plus répandu et particulièrement nuisible : la *teigne de la cire*. Il s'agit d'une parente de la mite que nous connaissons tous, et avec laquelle elle a bien des traits communs. Toutes deux sont de petits papillons typiques. Comme cela se passe d'habitude chez ceux-ci, elles sortent de l'œuf sous forme de chenille, prospèrent beaucoup, et se transforment alors en chrysalide, pour ne briser leur enveloppe qu'après une longue période de repos et faire enfin leur apparition comme papillon. Toutes deux sont incapables de rien prendre aux abeilles ni à nous-mêmes pour le manger, car leurs organes buccaux sont atrophiés. Elles ne peuvent absorber aucune nourriture et subsistent, pendant les quelques semaines de leur vie de papillon, grâce à la graisse qu'elles ont accumulée lorsqu'elles étaient encore chenilles. Dans les deux cas, ce sont les chenilles qui sont nuisibles, et dans les deux cas encore, celles-ci aiment une substance que notre estomac — pas plus que celui de presque tous les autres animaux — n'est absolument pas capable de digérer. Les éléments nutritifs dont se repaissent les larves — fils de laine et corps du même genre pour la teigne ordinaire, ou mite, matière des rayons d'abeilles pour la teigne de la cire — ont une grande valeur en eux-mêmes, mais sont difficilement attaquables. Comment ces chenilles parviennent-elles à profiter de ces sources nutritives ? C'est là l'étrange secret de leurs sucs digestifs si spécialisés. La masse cornée qui forme un poil est une substance protéique et contient tout ce qui est nécessaire à la croissance du corps. La cire, elle, est une combinaison qui ne contient pas de protéines, et qui est assez voisine de la graisse. Les teignes de la cire ne se développent donc pas si on ne leur donne que de la cire d'abeille à manger. Il leur faut un complément protéique, qu'elles trouvent en abondance dans les rayons, sous forme de pollen et d'autres restes et déchets qu'y ont laissés les occupants légitimes.

Un rayon, dans lequel des teignes de la cire ont élu domicile, offre un bien triste aspect. De tous les côtés, il est parcouru par les galeries qu'y a creusées la voracité des chenilles, il est souillé de leurs déjections et des fils qu'elles ont fabriqués pour tenter de protéger leurs déplacements. Chaque chenille habite dans un tunnel de soie, qu'elle s'est confectionné elle-même — ceci encore est un caractère qu'elles ont en commun avec les larves de la teigne des vêtements. Certes, cela ne leur servira pas à grand-chose dans une ruche saine et vigoureuse, mais si la colonie est débilitée, elle ne viendra pas à bout des envahisseurs. C'est surtout dans les réserves de rayons d'un apiculteur négligent, donc en dehors de ses ruches, que ces teignes ont l'habitude de causer de graves dégâts, les dévastant d'autant plus complètement qu'elles n'y sont pas en butte aux réactions des abeilles.

Jusqu'à présent, nous avons parlé de pillards et de parasites. Lorsque ces derniers sont tellement petits qu'ils peuvent s'installer à l'intérieur du corps des abeilles, ils y provoquent des maladies. Au début de notre siècle, une épidémie dévastatrice des abeilles, inconnue jusqu'alors, fit sa première apparition dans l'île de Wight, puis gagna l'Angleterre elle-même, pour malheureusement se répandre dans toute l'Europe au cours des années qui suivirent. Les abeilles atteintes de cette maladie s'abattent : leur vol se fait pesant, elles n'arrivent plus à se soutenir dans les airs, glissent vers le sol et y périssent souvent en peu de temps. Dans les cas graves, cela mène au dépeuplement de ruchers entiers. Ce n'est qu'en 1920 que l'agent causal en fut identifié : il s'agit de minuscules *acariens*, qui pénètrent par les orifices stigmatiques de la partie antérieure du thorax dans les voies respiratoires de l'abeille, et s'y multiplient. Les acariens sont des

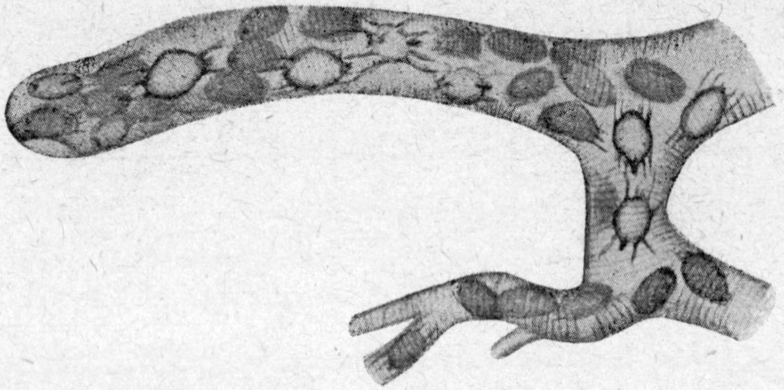

Fig. 101. — Voies respiratoires d'une abeille atteinte d'acariose. On aperçoit, entre les acariens, les œufs que ceux-ci ont pondus, et qui sont d'ailleurs presque aussi grands que leurs parents. (D'après MORGANTHALER ; fortement agrandi.)

sortes de petites araignées. Il en existe de nombreuses espèces, dont beaucoup causent encore d'autres désagréments : celles qui infestent les provisions de farine, ou les acariens de la croûte du fromage, ou encore les sarcoptes de la gale qui vont se loger dans la peau des gens malpropres, et ainsi de suite. Il y a aussi des acariens qui aiment l'abeille. C'est qu'ils trouvent dans ses voies respiratoires tubulaires une résidence bien protégée, dont ils n'ont qu'à percer la paroi pour se nourrir de sang. Lorsqu'ils se multiplient considérablement, leurs corps, leurs grands œufs, les restes de sang et leurs déjections finissent par obturer les voies aériennes de l'abeille (fig. 101). Des sécrétions nocives

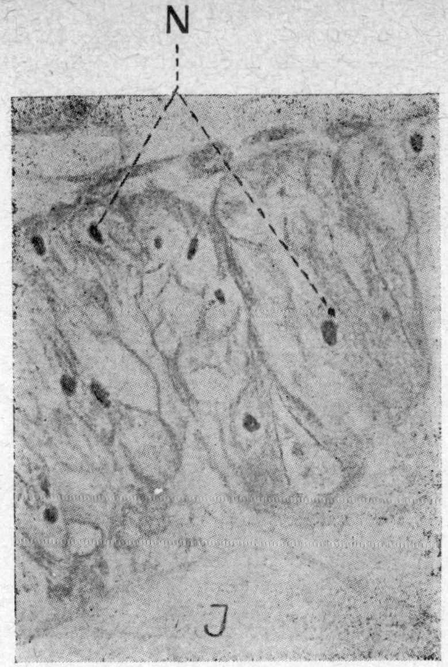

a

Fig. 102. — *a* : Coupe longitudinale de la paroi intestinale d'une abeille saine. *N* noyaux des cellules intestinales. J lumière de l'intestin.

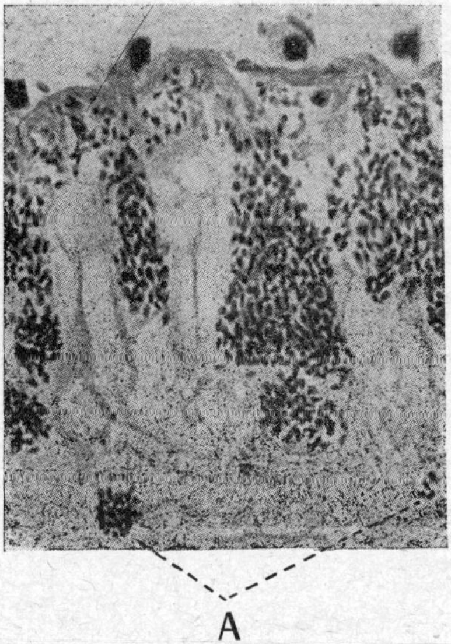

b

b : coupe longitudinale de la paroi intestinale d'une abeille atteinte de nosémiase. Les cellules intestinales sont criblées de spores. Celles-ci ont été colorées en noir pour mieux les faire ressortir. Elles ont déjà atteint en partie (en A) la lumière intestinale, d'où elles seront éliminées avec les déjections et contribueront de la sorte à l'extension de l'épidémie. Fortement agrandi. (Préparations de G. Reng ; d'après des photographies de A. Langwald.)

peuvent d'ailleurs contribuer à abréger les jours de celle-ci. Une invasion limitée peut être anodine, et passe souvent inaperçue ; elle n'en sera que plus dangereuse, peut-être, en ce qui concerne la propagation de l'épidémie.

Nous venons de prendre connaissance d'une affection des voies respiratoires. Les maladies intestinales non plus n'épargnent pas l'abeille, et la plus maligne d'entre elles est certainement l'épidémie de *nosémiase*, ainsi appelée à cause de son agent étiologique : *Nosema apis.* Celui-ci est un organisme appartenant à une famille dont l'existence nous échappe pratiquement, dans notre vie de tous les jours. En effet, il fait partie d'un groupe d'êtres qui, tous sans exception, sont encore beaucoup plus petits que les acariens de l'abeille et échappent de la sorte à notre perception. Le parasite du *noséma* appartient aux organismes unicellulaires, qu'on ne peut identifier qu'à l'aide du microscope. Il ressemble à une amibe, souvent qualifiée de protée, et qui fait penser à un minuscule globule muqueux qui se serait éveillé à la vie : elle rampe en se coulant nonchalamment dans la vase des mares qui constituent son milieu naturel. C'est dans un tout autre sens qu'a évolué le grand groupe des « Sporozoaires », auquel appartient le noséma. Ceux-ci sont passés à l'état parasitaire, et élisent domicile dans les cellules et organes d'autres animaux ; ils vivent aux dépens de ces derniers, leur font du tort par leur présence, et peuvent même, malgré leur petitesse, les faire mourir s'ils s'y multiplient de façon massive. Dans ce dernier cas, ils anéantissent évidemment ce qui permettait leur propre existence. La nature a cependant pris ses précautions pour que, malgré tout, la lignée de ces petits démons ne s'éteigne pas. Pendant qu'ils se prélassent encore en pleine opulence, ils fabriquent de solides capsules dont l'intérieur rappelle des spores végétales (d'où le nom de « Sporozoaire »), et qui contiennent un germe (fig. 102, *a* et *b*). Les spores résistent extraordinairement aux actions délétères de toute espèce et peuvent souvent survivre des mois et des années à leurs progéniteurs, tout comme aux animaux que ceux-ci ont attaqués. C'est par elles que l'épidémie se propage toujours davantage. Les parasites en cause se fixent dans les cellules de la muqueuse intestinale, et les détruisent. Lors d'une grave atteinte, l'intestin se trouve bientôt rempli de spores innombrables, qui parviennent au dehors avec les déjections et contaminent les abeilles saines. La maladie peut aussi demeurer à l'état bénin, forme sous laquelle elle est très répandue ; elle se présente pourtant souvent d'une façon qui cause de graves soucis à ceux qui possèdent des abeilles.

Les « maladies infantiles » n'épargnent pas non plus le peuple des abeilles. En terminant ce petit aperçu par l'une d'entre elles, nous prenons connaissance d'une nouvelle sorte d'agent pathologique, qui nous fait franchir un pas de plus vers la limite de la visibilité. Les agents de beaucoup d'épidémies humaines sont de tout petits organismes situés au bas de l'échelle végétale, appelés schizomycètes ou bactéries. Le typhus, le choléra, la diphtérie, la tuberculose et d'autres fléaux encore, sont causés par de tels parasites peu apparents, seulement visibles aux forts grossissements du microscope. Selon leurs préférences personnelles, ceux-ci s'installent dans tel ou tel organe, et bien que la longueur de leur corps ne se compte que par millièmes de millimètre, ils peuvent provoquer des symptômes locaux et généraux d'une extrême gravité, du fait de la proportion incroyable dans laquelle ils se multiplient et des toxines qu'ils sécrètent. Cependant, l'épidémiologie humaine ne connaît pas d'attaque aussi foudroyante, accompagnée de destruction totale du corps, que celle qui se produit d'ordinaire au cours de la loque européenne ou loque puante des abeilles. La maladie atteint exclusivement le couvain, donc les larves pendant leur développement dans les alvéoles. Comme agent causal, on a identifié une certaine bactérie qui, généralement au moment où la larve s'apprête à se transformer en chrysalide, s'y multiplie à une vitesse telle qu'en 24 heures elle envahit et détruit tout son corps. Les larves changent de couleur et se transforment peu après en une masse muqueuse et filante. Les soins attentifs que prodiguent au couvain les jeunes ouvrières sont fatals aux larves encore saines. Lorsque, pour les préparer à recevoir de nouveaux œufs, elles débarrassent les alvéoles de ce qui reste des corps décomposés, elles se souillent de germes et, poursuivant leur activité de nourrices du couvain (cf. pp. 52 et ss.), transmettent l'infection à leurs protégés.

Ouvrières diligentes qui s'affairent, en plein soleil, autour de fleurs aux couleurs riantes, délicieux miel qu'elles accumulent à la ruche et qui témoigne de leur zèle inlassable — telle apparaît la vie des abeilles à la plupart des humains. Tout ce qu'il faut pour que cette existence apparemment simple trouve son entière harmonie et revête sa pleine signification, dans une aussi grande colonie d'insectes, le lecteur en a maintenant — du moins je l'espère — une certaine idée. Nous ne nous sommes pas fait faute de lui montrer, pour finir, qu'il arrive parfois aux abeilles de devoir endurer de terribles épreuves, et qu'ainsi, même dans leur colonie, pourtant si admirablement organisée, l'ordre ne règne pas toujours — car rien, sur cette terre, n'est sans défaut ni n'échappe à la critique.

XV

SUR LES ÉTAPES DE L'ÉVOLUTION VERS LES ABEILLES MELLIFIQUES

La science a acquis la conviction inébranlable que, dans l'histoire terrestre, les animaux hautement organisés se sont développés en partant de formes inférieures. Même dans la brève période que représente une vie humaine, on peut voir ce phénomène de la modification des espèces progresser, bien que de façon infime.

Si le monde animal actuel est le résultat d'un perpétuel devenir, le monde des abeilles doit être issu, lui aussi, d'un état de choses plus simple. Personne ne sait comment cela s'est produit ni quel était l'aspect des ancêtres de nos abeilles. Ils ne vivent plus et nous sont inconnus. Mais dans la parenté actuelle des abeilles mellifères, nous connaissons des espèces dont les individus vivent isolés, quelques-unes avec les premiers indices d'instincts sociaux et, à côté d'elles, d'autres constituant des colonies à des niveaux différents d'organisation étatique. Ces étapes intermédiaires ne sont certes pas des degrés de cette échelle de l'histoire terrestre dont nos abeilles ont fait l'ascension. Nous devons les considérer comme des lignées latérales qui ont moins progressé. Toutefois, elles permettent de deviner les voies selon lesquelles pareille évolution a été possible.

LES ABEILLES SOLITAIRES

La plupart seront surpris d'apprendre que, dans la famille des abeilles, la vie en société ne constitue nullement la règle mais plutôt l'exception. Nous connaissons plusieurs milliers d'espèces d'abeilles qui passent leur vie en solitaires. Plusieurs ressemblent, à s'y méprendre, aux abeilles mellifiques, certaines sont encore plus grandes et plus fortes, d'autres, par contre, sont si petites et si élancées que les non-initiés les prennent pour des fourmis ailées. Toutes construisent des alvéoles, collectent du miel et du pollen pour leur couvain, mais chaque femelle œuvre pour elle-même, isolée et sans être secondée par des « ouvrières ». Chacun de ces êtres a ses lois spéciales que la nature lui prescrit pour élever sa progéniture. Parfois elles sont si particulières, que le mode de vie des abeilles solitaires appartient aux chapitres les plus attachants de la biologie des insectes.

C'est ainsi qu'il existe une abeille qui s'installe dans quelque crevasse d'une pièce de bois. Elle dépose du pollen et du nectar au fond du couloir, en forme un gâteau de miel et y pond un œuf. A une certaine distance, de façon que la larve grandissante ait assez de place, elle construit une paroi protectrice transversale, faite de résine. Elle ajoute une deuxième, une troisième et une quatrième chambre, chacune avec son gâteau de miel, avec son œuf et sa paroi protectrice (fig. 103). Finalement, elle obture le trou d'accès avec de la résine et ne s'occupe pas davantage de ses rejetons. Chaque larve qui éclôt trouve une quantité de nourriture suffisante pour se développer, puis elle fait sa nymphose, dans sa maisonnette de bois et de résine. Quand elle est devenue abeille, elle se fraie un chemin à l'air libre, par le couloir. Mâles et femelles s'échappent et se rencontrent à l'extérieur ; les mâles périssent bientôt, tandis que les femelles fécondées — répondant à une impulsion intérieure — construisent les

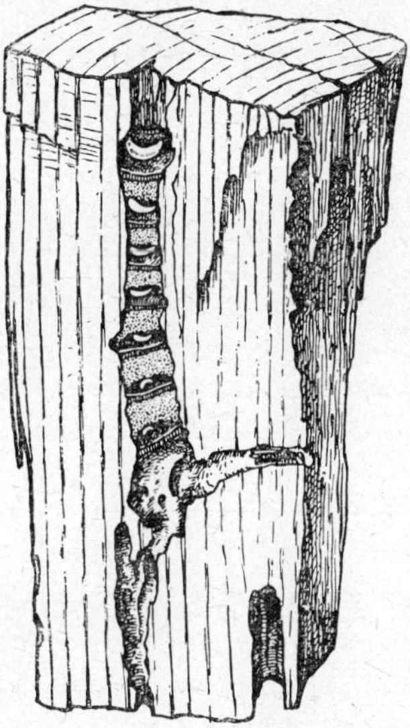

Fig. 103. — Nid juste achevé, d'une *Eriade*. La larve la plus âgée, à l'extrémité aveugle du couloir, a consommé toute sa provision de nourriture et est presque adulte. Dans les alvéoles plus récents, les larves sont d'autant plus petites. Chaque chambre est pourvue de son gâteau de miel et est séparée des chambres voisines par des cloisons de résine. La mère se trouve encore dans le canal d'envol (grandeur naturelle).

berceaux de leurs enfants, comme l'avaient fait leurs mères, mais sans l'avoir jamais vu faire et sans jamais voir leurs propres enfants.

Considérons la mégachile, l'abeille coupeuse de feuilles ! Elle creuse un passage, par exemple dans du bois pourrissant, se pose alors sur les feuilles vertes du rosier ou d'un arbuste de lilas, d'un buisson de framboisiers ou d'autres arbrisseaux, découpe d'une feuille un morceau légèrement

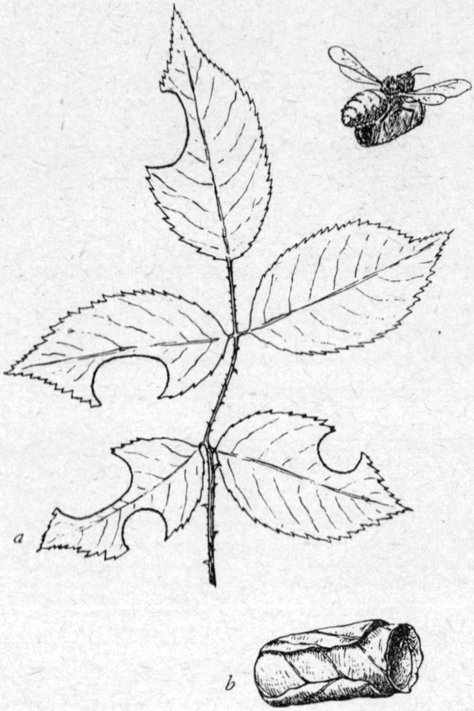

Fig. 104. — *a*) La mégachile, abeille coupeuse de feuilles, au travail. On voit dans les feuilles les entailles dues au découpage des morceaux. En haut, une mégachile évacue un morceau de feuille, découpé et adroitement enroulé. *b*) Un dé achevé, composé de morceaux légèrement ovales de feuilles et fermé à droite par des morceaux de forme circulaire. Il renferme le gâteau nourricier et un œuf (grandeur naturelle).

ovale à l'aide des ciseaux tranchants que forment ses mâchoires, et le transporte, enroulé, dans le passage qu'elle a foré dans le bois. Elle continue de la sorte et, avec les morceaux de feuilles, façonne un dé qui servira de berceau à son enfant. Dans cet étui vert, elle amasse le gâteau de miel et y pose son œuf, avant d'obturer l'ouverture avec d'autres morceaux, ceux-ci de forme circulaire. Plus d'un aura déjà vu dans des feuilles ces entailles particulières (fig. 104) sans en connaître l'auteur.

Un des nids les plus merveilleux est celui d'une certaine abeille maçonne. Pour chaque œuf, elle cherche une coquille d'escargot vide, y loge — profondément à l'intérieur — le gâteau devant nourrir la larve et pose un œuf sur celui-ci (fig. 105). A quelque distance, elle dresse une paroi transversale faite de feuilles mâchées, bouche de petites pierres tout le tournant restant de la coquille et les maintient en place grâce à une seconde paroi faite d'une pâtée de feuillage durci. Jugeant encore insuffisante la protection de son enfant, exposé il est vrai aux entreprises d'ennemis divers, elle apporte péniblement brins et chaumes et édifie, à l'aide d'herbes desséchées, de légères branchettes mortes et parfois d'aiguilles de pin, un toit en forme de tente sous lequel la coquille finit par disparaître complètement (fig. 106).

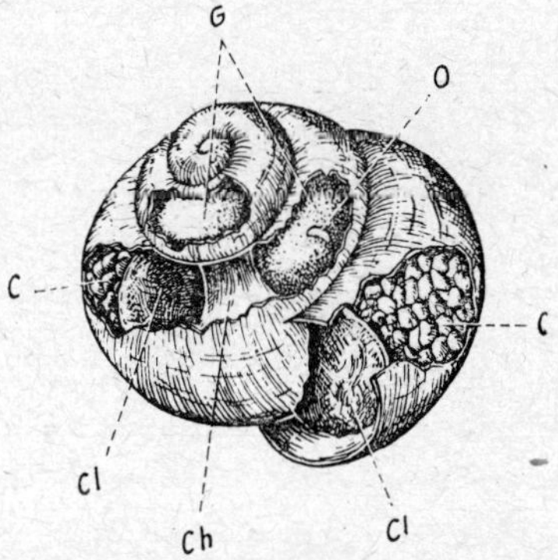

Fig. 105. — Nid construit par une abeille maçonne dans une coquille d'escargot. *C.* Cailloux. *Ch.* Chambre à air. *Cl.* Cloison de feuilles mâchées. *G.* Gâteau nourricier. *O.* Œufs. (Agrandis 2 fois.)

On pourrait citer bien d'autres comportements remarquables des abeilles solitaires. Tournons-nous vers les formes chez lesquelles se reconnaissent les premières tentatives de formation d'une société.

Maintes espèces placent leurs nids les uns près des autres, là où s'offrent de bonnes conditions de nidification. Alors qu'elles sont tout à fait inoffensives tant qu'elles bâtissent isolément ou en petit groupe, leur courage paraît croître avec la densité de leur colonie. En cas de besoin, elles organisent leur défense et c'est tout un essaim qui tombe à bras raccourcis sur un perturbateur. En automne, quelques espèces

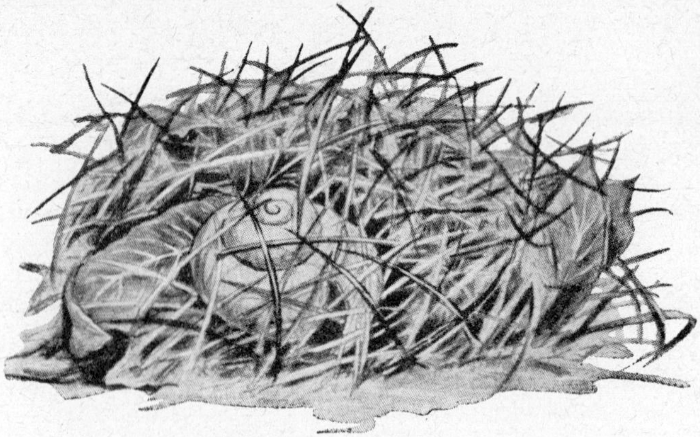

Fig. 106. — La coquille d'escargot avec l'œuf d'abeille est cachée sous un toit formé de brindilles.

vont à la recherche de trous dans la terre pour y hiverner en groupes considérables. S'il apparaît que, dans de pareils cas, un emplacement favorable à la nidification ou une excavation séduisante contribuent à inciter les animaux à se rassembler, on y reconnaît néanmoins un certain sens communautaire.

C'est peut-être là où il se manifeste seulement dans une tendance à la vie en commun, sans autre sens ni but, qu'il apparaît dans sa forme première. La figure 107 montre l'extrémité d'une tige florale desséchée sur laquelle quelques mâles d'une certaine espèce de petites abeilles solitaires se sont retrouvés pour passer la nuit ensemble. Durant le jour,

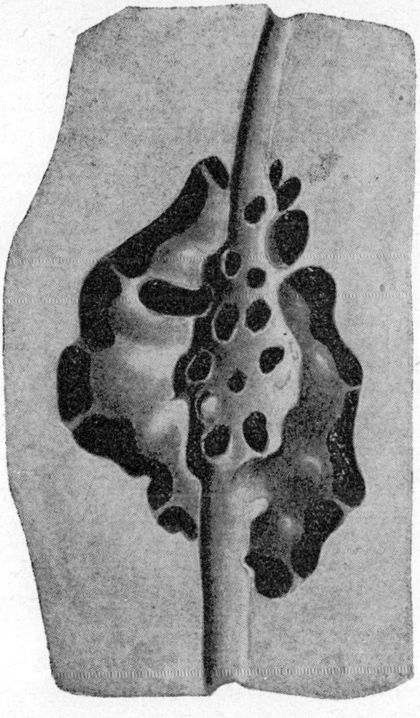

Fig. 107. — Six mâles d'une abeille solitaire — l'*halicte* — qui, par mauvais temps et pour dormir chaque soir, se retrouvent toujours à un emplacement déterminé sur une hampe florale desséchée (grandeur naturelle).

Fig 108. — Rayon d'argile d'une autre halicte dans une paroi limoneuse, le puits d'accès et la cavité servant de nid ayant été ouverts par l'avant ; à gauche, un alvéole ouvert (réduit de moitié).

ils se dispersent dans toutes les directions du ciel, mais dès que les nuages de pluie apparaissent, et chaque soir lorsque descend le crépuscule, ils reviennent exactement à cette place pour se reposer ensemble. Rien ne distingue cette tige florale d'innombrables autres des alentours immédiats. Les abeilles n'y bénéficient d'aucune protection contre la chaleur ; dans le capitule de n'importe quelle fleur, elles seraient mieux protégées du froid que sur cette tige qui oscille au vent. Elles ne peuvent s'y abriter de la pluie, elles n'y trouvent aucune nourriture et les femelles de leur espèce se promènent tout ailleurs. C'est leur propre compagnie et rien de plus, que ces mâles retrouvent à ce rendez-vous, et ils semblent en éprouver le besoin.

Cette étape n'est pas encore la formation d'une société. Mais lorsqu'un pareil sens communautaire atteint les femelles et leur activité, il peut conduire à l'apparition de la vie sociale. Nous connaissons une espèce d'abeilles qui creuse un puits dans la terre limoneuse et modèle dans cette matière plastique un joli rayon d'argile (fig. 108). Elle pond ses œufs dans les alvéoles, nourrit et élève les larves grandissantes, surveille le nid et vit assez longtemps pour apprendre à connaître ses enfants. Chez une espèce étroitement apparentée, les jeunes abeilles, lors de leur éclosion, restent sur place au lieu de se disperser aux quatre vents, continuent à construire en commun le rayon commencé par la mère, déposent leurs œufs dans le même nid et veillent ensemble sur le couvain. Celle qui apporte la nourriture le fait pour la colonie et non pas seulement pour sa propre progéniture. Seul l'automne met fin à la vie en commun. Au printemps suivant, chaque mère recommence tout le processus, débute comme solitaire et fonde néanmoins une petite société.

LA VIE SOCIALE DES BOURDONS

Malgré leur apparence plus grossière, les bourdons ont tant de traits d'organisation extérieure et intérieure communs avec les abeilles que la zoologie les a rangés dans la même « famille ». Par leur manière de vivre ils se rattachent étroitement aux formes examinées en dernier lieu et ils consti-

Fig. 109. — Nid souterrain d'un bourdon (*Bombus lapidarius*). L'enveloppe de cire est partiellement enlevée afin de rendre le rayon visible ; à droite, la reine. 2/3 grand. nat. (selon v. BUTTEL-REEPEN).

tuent un chaînon entre les abeilles solitaires et les abeilles sociales. Cela paraît peut-être étonnant à celui qui connaît les nids de nos bourdons, dont la reine, entourée d'une colonie active et laborieuse, ne peut certes être prise pour une solitaire. Mais voyons les choses de plus près.

Les nids de bourdons se rencontrent à la lisière des bois

dans d'épaisses couches de mousse, entre des touffes d'herbe au milieu d'une prairie, dans un abri de souris abandonné et en maints autres endroits. Un rayon peu ordonné, grand comme une paume de main (fig. 109), entouré d'une couche de cire, parfois aussi d'une enveloppe lâche de mousse ou d'une matière semblable, occupé par quelques douzaines jusqu'à quelques centaines d'habitants, tel est le refuge des bourdons et le peuple qu'il contient.

Dotés par la nature d'une longue trompe, de petites brosses et de paniers comme les abeilles à miel, les bourdons collectent, comme seule nourriture, du miel et du pollen, volent de fleur en fleur et comptent parmi les plus importants agents de pollinisation. Pour la confection des rayons, ils emploient de la cire exsudée qu'ils mélangent avec de la résine et du pollen pour en former des cellules rondes et massives. La construction plus économique des cellules hexagonales leur est encore étrangère. Aucune colonie de bourdons ne résiste sous nos latitudes à l'assaut de l'hiver. Les femelles accouplées à l'automne traversent l'hiver en dormant dans des cachettes et, l'année suivante, chacune fonde une nouvelle colonie.

Dans les premiers jours du printemps, on les voit parcourir le sol à la découverte d'un emplacement propice à la nidification ou déjà occupés à récolter sur les fleurs les premières provisions. A ce stade la fondatrice, tout comme l'abeille solitaire, ne peut compter que sur elle-même. Elle confectionne un joli petit nid, avec un seul orifice, à la fois pour l'entrée et la sortie. A l'intérieur, elle construit en cire un récipient rond pour le premier couvain et, juste à côté, une sorte de cruche, façonnée comme une bouteille ventrue, qu'elle remplit de miel réservé pour les jours pluvieux et froids (fig. 110). Dans la première cellule, elle pond environ une demi-douzaine d'œufs qu'elle pourvoit d'une provision de miel et de pollen. Elle en ferme l'orifice, pour l'ouvrir à nouveau plus tard, en y mordant, afin de renouveler la provende des larves grandissantes. Mais celles-ci se gênent mutuellement dans la cellule commune et la nourriture suffit à peine pour le nombre de bouches affamées. C'est ainsi que

Fig. 110. — Jeune nid du bourdon des champs, l'enveloppe de mousse partagée en deux et une partie rabattue. Sauf le trou d'accès (*T*), le nid est fermé de toutes parts. La reine est encore seule. Les premières ouvrières sont élevées dans le petit rayon. A droite, le pot à miel (grandeur naturelle).

cette première progéniture reste sous-alimentée et chétive. Après un certain temps, chaque larve tisse un cocon et s'y transforme en chrysalide. Econome, la mère enlève la cire de l'alvéole devenu inutile pour la réemployer, de sorte que les cocons gisent à découvert. Les bourdons de taille médiocre qui éclosent ont à cause de leur maigre alimentation des ovaires atrophiques. Ainsi apparaissent des ouvrières qui n'engendrent elles-mêmes aucune descendance mais qui, en tant que « femelles auxiliaires », secondent la fondatrice du nid dans la confection des alvéoles et dans l'entretien du couvain. Cette fondatrice s'élève maintenant à la dignité de « reine ». Elle sera d'autant plus déchargée de ses tâches

Fig. 111. — Bourdons des champs, de différentes tailles, tous d'un même nid (2 septembre 1935). A côté des femelles pleinement développées, reines de l'année suivante, on trouvait encore de minuscules ouvrières datant du temps de la nidification (grandeur naturelle).

qu'il y aura plus d'auxiliaires actives et bientôt elle pourra se consacrer exclusivement à la ponte. Dès lors, le rayon croît plus rapidement, les cellules deviennent plus spacieuses, la nourriture est apportée en plus grande abondance et par conséquent les larves se développent mieux et deviennent plus grandes. Ainsi se manifestent au cours du printemps et de l'été toutes les transitions entre ces premières bestioles affamées et chétives et les femelles pleinement développées (fig. 111), à côté desquelles, durant l'été, des mâles sont aussi élevés. Ils ne participent pas aux travaux domestiques, mais vagabondent et vont à la recherche de jeunes femelles auxquelles ils s'unissent en plein vol. A la fin de l'automne, ils périssent, de même que la reine et tout le peuple des ouvrières. Car si les provisions accumulées parent à de courtes périodes d'intempéries, elles sont insuffisantes pour le long hiver et le nid, fragile, ne protège pas contre la gelée. Les femelles fécondées se cachent dans des endroits propices et deviennent les reines de l'année suivante.

Les ouvrières des abeilles mellifiques se distinguent de leur reine par plusieurs caractères corporels et forment ainsi une « caste » particulière. Les femelles auxiliaires des bourdons ne sont que des reines atrophiées. On peut aisément s'imaginer que, dans le développement de la vie sociale, le processus simple par lequel se formèrent ces auxiliaires infécondes mais laborieuses — pour ainsi dire par suite d'un mauvais traitement — fut le premier pas vers la formation d'une véritable caste ouvrière.

La reine des bourdons commence donc son activité au printemps, comme une abeille solitaire. Elle lui ressemble même tout à fait dans le grand Nord, où le court été ne laisse pas assez de temps pour que plusieurs générations puissent se développer. On n'en arrive même pas à former des femelles auxiliaires, c'est à la reine restée seule qu'incombe tout le travail de la nidification et de l'entretien du couvain, exactement comme chez l'abeille solitaire. C'est déjà très beau si, au cours des courtes semaines chaudes de l'été, elle parvient à faire survivre quelques rejetons qui sauveront la race jusqu'à l'année suivante.

LES ABEILLES SANS AIGUILLON

Des abeilles qui ne piquent pas ? Eh bien, oui : il y en a ! il y en a même plusieurs centaines d'espèces — mais pas chez nous. C'est dans les régions tropicales de l'ancien et du nouveau monde qu'elles résident. Un jour, on a tenté de les acclimater chez nous : qui ne désirerait avoir des « roses sans épines » ! C'était une double méprise. D'abord, elles ne conviennent pas à notre climat. Ensuite, si leur aiguillon empoisonné s'est atrophié, elles n'en pincent que plus vigoureusement et lorsque, pour défendre leur nid, elles s'attaquent en masse à quelqu'un et se cramponnent aux endroits sensibles de la peau, au creux de l'aisselle, aux coins des yeux, elles mordent avec une telle vigueur qu'en essayant de s'en débarrasser on détache leur tête du corps plutôt que de leur faire lâcher prise. En comparaison, une piqûre de nos abeilles apparaît très sympathique.

A cause de leurs multiples particularités, on a opposé les abeilles sans aiguillon, comme une sous-famille particulière (« mélipones »), aux abeilles mellifiques (« apines »). A maints égards, elles sont plus primitives que celles-ci. Leur division du travail est moins poussée et l'entretien de leur couvain moins perfectionné. Tandis que les larves de l'abeille mellifique sont gorgées et soignées avec une attention ininterrompue, les « mélipones », de même que les abeilles solitaires, pourvoient les œufs qu'elles ont pondus d'un gâteau de pollen et de miel, ferment les alvéoles et ne s'occupent pas davantage de leur progéniture en développement. Pour la confection des rayons, elles utilisent de la cire qu'elles ont produite et mélangée avec de la terre, du limon ou du bois. Beaucoup d'espèces maîtrisent déjà l'art de confectionner des cellules hexagonales. Dans leur organisation sociale, elles sont nettement supérieures aux bourdons. Maintes espèces vivent en colonies fortement peuplées, qui se multiplient par essaimage, à l'instar de nos abeilles. De plus, leurs ouvrières ne sont pas seulement des reines dégénérées, comme chez les bourdons, elles sont aussi constituées de façon quelque peu différente, et leur qualification de travailleuses se marque par la présence de caractères corporels tels les dispositifs prévus sur leurs pattes pour la récolte du pollen.

Les nombreuses espèces n'en sont nullement au même stade de développement. Tantôt nous rencontrons des abeilles dont le corps mesure à peine 2 mm — véritables naines parmi

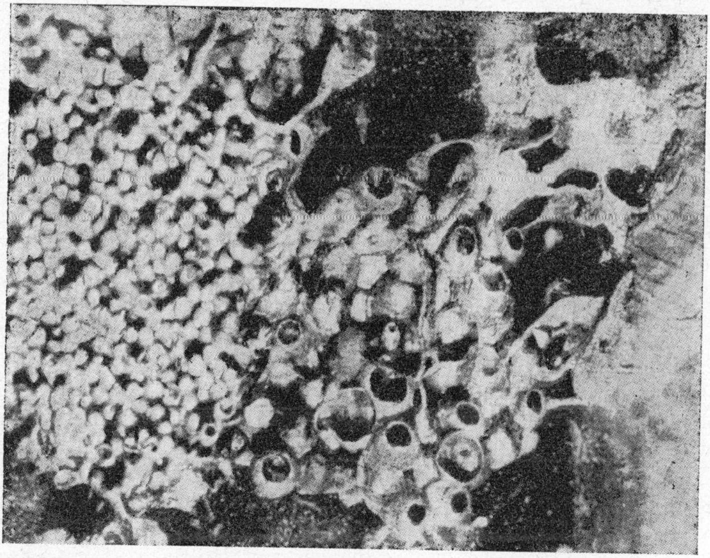

a

Fig. 112. — *a*) Installation simple constituant le nid d'une trigone (*Trigona iridipennis*), abeille sans aiguillon ; à gauche, les alvéoles à couvain ; à droite, les récipients à provision, plus grands. *b*) L'abeille agrandie deux fois. (D'après Dr M. Lindauer.)

b

ces lignées — dont les rayons avec leurs alvéoles à couvain ronds, négligemment disposés les uns à côté des autres et avec leurs réservoirs à miel relativement importants, font tout à fait penser à un nid de bourdons (fig. 112) ; tantôt ce sont des formes imposantes avec des rayons de cire réguliers qui, contrairement aux rayons verticaux de nos abeilles, sont disposés horizontalement et ne portent que d'un côté — vers le haut — des alvéoles ouverts avec le couvain. Ici aussi des récipients ventrus contiennent le miel, comme chez les bourdons (fig. 113). Chez diverses espèces, ils sont aussi grands que des œufs de poule.

Des différences comparables à celles existant dans les modes de construction se manifestent aussi dans l'organisation sociale. On en viendrait ainsi, dans ce riche ensemble d'espèces, à rechercher les stades préparatoires, plus simples, de la compréhension mutuelle. Comment les abeilles mellifiques ont-elles acquis leur langage hautement différencié ? Une « linguistique comparée » s'appliquant à l'ensemble des espèces parentes pourrait-elle apporter quelques éléments de réponse à cette question ? Les bourdons ne nous révèlent rien à ce propos. Chez eux, l'on a vainement tenté de mettre en évidence un procédé de communication.

Par contre, avec les petites abeilles sans aiguillon, dont les constructions ont l'aspect des nids de bourdons, nous nous trouvons sans doute à l'origine du langage des abeilles. Quand ces bêtes ont découvert une bonne source d'approvisionnement, elles alertent leurs camarades, et leur font aussi connaître le but à atteindre mais de la manière la plus simple que l'on puisse imaginer. Une récolteuse de retour avec un butin abondant, circule avec vivacité sur le rayon, bouscule les camarades oisives, attire ainsi leur attention et lorsque deux ou trois abeilles se sont tournées vers elle, elle se précipite soudain à leur tête en direction du trou de sortie, tout en secouant vivement son corps. Arrivée là, elle retourne sur ses pas pour indiquer de même le chemin de la sortie à une nouvelle petite troupe. Les abeilles alertées apprennent par le parfum de fleur qu'elles perçoivent sur la récolteuse quelle est l'odeur émanant du butin. Elles s'envolent, et sans aucune indication quant à la direction ou à la distance du

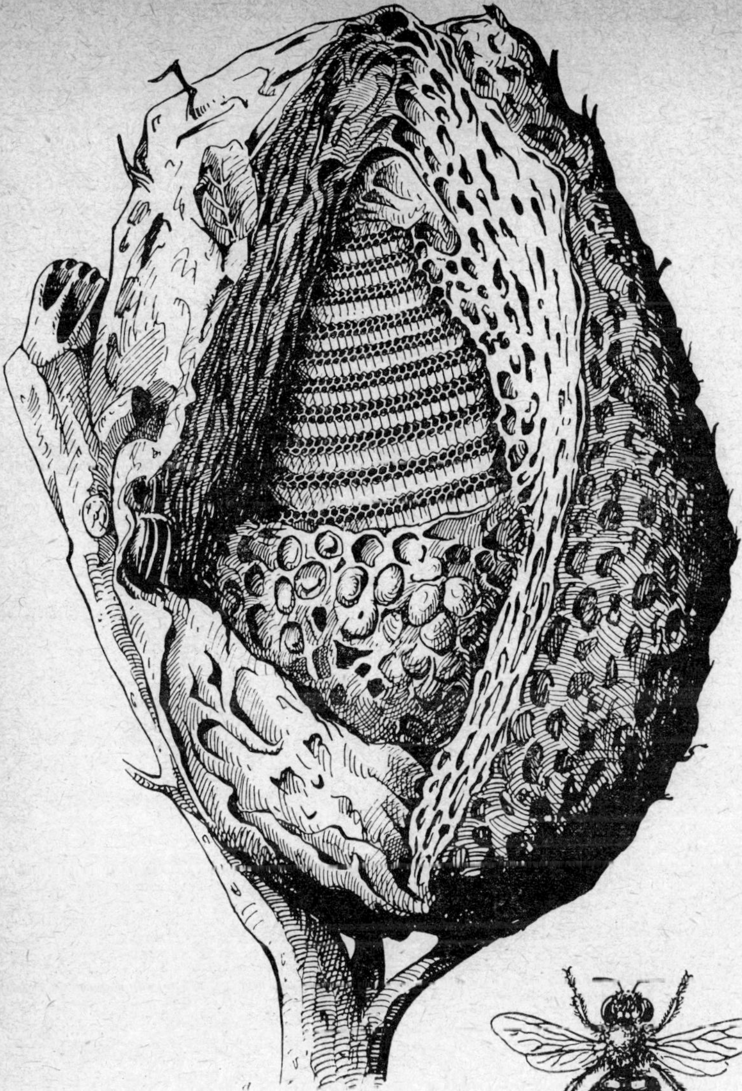

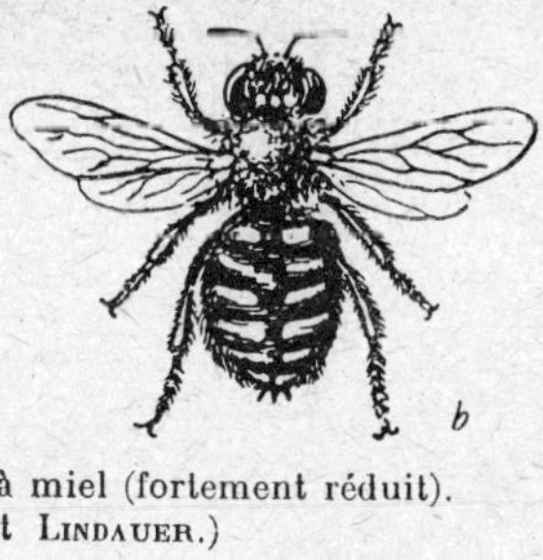

Fig. 113. — *a*) Nid d'une Mélipone, abeille sans dard (*Melipona*) ; l'enveloppe a été partiellement enlevée pour montrer les rayons dans leur position horizontale avec les alvéoles ouverts vers le haut et, au-dessous, les pots à miel (fortement réduit). *b*) L'abeille, agrandie deux fois. (Selon Dolfein et Lindauer.)

but, elles cherchent tout autour, au hasard, si elles ne percevront pas, quelque part, l'odeur alléchante. On comprend qu'ainsi quelques-unes d'entre elles réussiront, mais ce ne sera jamais qu'une minorité.

Des représentants plus évolués de cette famille sont arrivés bien plus loin. Lorsqu'ils auront découvert une nourriture abondante à un endroit éloigné de leur habitation, une heure plus tard déjà il y aura là afflux de récolteuses zélées, comme s'il s'agissait d'abeilles mellifiques. Mais notre espoir de pouvoir ainsi découvrir la genèse du langage des abeilles fut déçu. Les abeilles dépourvues d'aiguillon ne sont pas les ancêtres des abeilles mellifiques, mais une lignée latérale, et elles ont inventé leur mode de communication propre, tout différent, quoique partant sans doute d'une racine commune. Il n'est pas aussi parfait que celui de l'abeille mellifique. La méthode élégante de la danse décrivant la situation du but fait ici défaut. Les glaneuses ne font qu'alerter leurs camarades en courant, excitées, sur les rayons et en bourdonnant par à-coups — ce qui provoque la vibration du support. Les habitantes de la ruche se rendent compte qu'il y a quelque chose à cueillir, mais elles ignorent encore où. Assemblées en un essaim devant leur habitation, elles attendent. C'est alors que survient une chose très remarquable. L'abeille qui a découvert la nourriture et qui a réalisé entretemps plusieurs récoltes, entre dans un état d'excitation extrême, comme avant une grande décision. Elle descend sur le sol près du butin, s'attaque avec la bouche à un brin d'herbe, une pierre ou un autre objet saillant, pour y déposer la sécrétion de sa glande maxillaire puissamment développée, et dont l'odeur caractéristique est d'ailleurs perceptible à l'homme. Ainsi, elle pose une marque odorante. Comme elle répète sa manœuvre tous les deux à trois mètres, sur des tiges, des feuilles, des pierres, etc., en retournant vers le nid, il s'établit une traînée odorante allant de la colonie jusqu'au but, ce qui faciliterait déjà aux nouvelles venues la découverte de la route. Cela fait, le pilote se précipite dans l'essaim en attente et lui montre le chemin jusqu'au butin, tout en volant, excité, vers l'avant et vers l'arrière. Ainsi ce n'est pas d'une façon isolée et autonome que les auxiliaires arrivent, comme chez nos abeilles, mais en groupe et accompagnées de l'éclaireuse.

C'est là un nouvel exemple de la puissance d'invention que déploie la nature pour réaliser ses fins. Il ne nous révèle cependant pas la genèse du langage des abeilles.

CHEZ LES ABEILLES DE L'INDE

La patrie d'origine de nos abeilles se trouve en Asie méridionale. C'est seulement là que vivent encore de nos jours trois autres espèces de la même famille (*Apis*). Elles sont proches parentes et cependant, du point de vue de l'organisation sociale, elles ne sont pas toutes au même niveau. Pour rechercher les stades primitifs du langage des abeilles, un voyage à Ceylan fut entrepris.

Présentons rapidement les trois cousins des tropiques : l'abeille indienne (*Apis indica*), l'abeille mellifique géante (*Apis dorsata*) et l'abeille mellifique naine (*Apis florea*). Leur taille inégale est effectivement leur différence la plus manifeste.

Dans son pays, l'abeille indienne remplit le rôle joué par notre abeille comme animal domestique et comme pourvoyeuse de miel. Elle est moins sédentaire que la nôtre. Si quelque chose ne lui convient pas, soit que la récolte se raréfie dans les environs, soit qu'elle se trouve dérangée dans son nid par des fourmis, elle déménage tout simplement, quitte son habitation et en établit une nouvelle bien loin de là dans la forêt. Ce n'est pas très commode pour l'apiculteur indien. Il n'est pas rare qu'il doive se mettre en route pour chercher dans les arbres creux de la forêt de quoi remplacer ses fugitives. Au demeurant, les abeilles indiennes ressemblent beaucoup aux nôtres par leur mode de vie. Dans son essence, leur langage « dansé » est également le même.

L'*abeille mellifique géante* dépasse même en grandeur le

Fig. 114. — « Arbre à abeilles » dans le jardin botanique de Peradeniya (Ceylan). Les sociétés d'abeilles géantes de l'Inde (*Apis dorsata*) construisent un grand rayon, suspendu à ciel libre, sur des arbres à feuillage léger. (Photo Dr M. Lindauer.)

frelon et sa piqûre est redoutée au même titre. Rien d'étonnant à ce que l'homme ne l'accueille *pas* dans son rucher. Le nid de ces abeilles se compose d'un seul rayon pouvant atteindre un mètre de diamètre. Il se trouve toujours en plein air, suspendu à un rocher faisant saillie ou aux branches d'arbres à feuillage clairsemé (fig. 114). Plus nomade encore

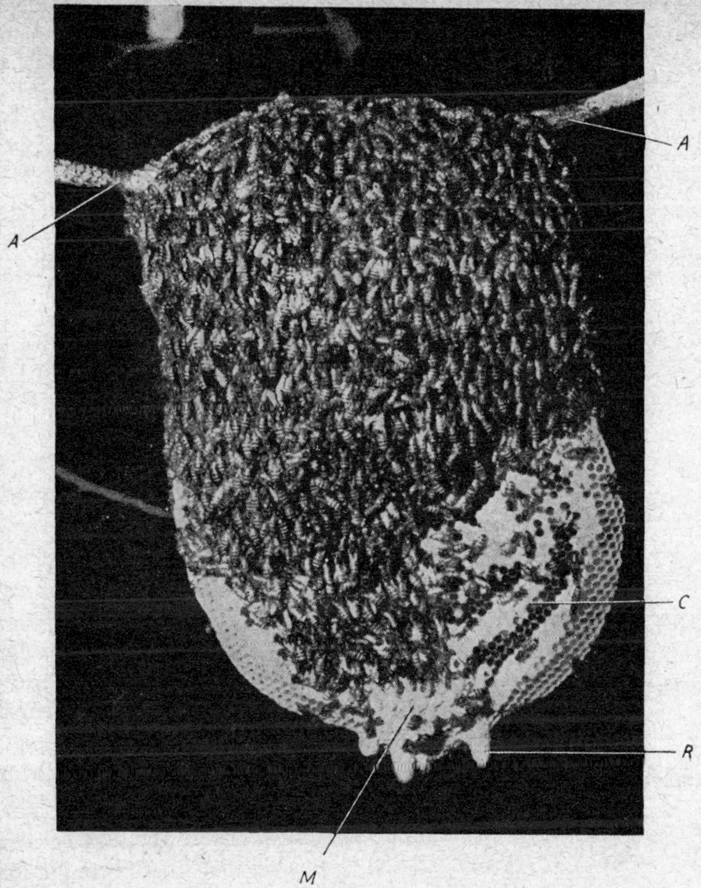

Fig. 115. — Le nid de l'abeille naine de l'Inde (*Apis florea*) se compose d'un rayon, grand comme une paume de main, attaché à une branche ; les abeilles ont été chassées ici de la partie inférieure afin de rendre visible le nid à couvain.

C. Couvain d'ouvrières. *M*. Couvain de mâles. *R*. Alvéoles de reines. Ces abeilles se protègent contre le vol de miel par les fourmis, en entourant la branche porteuse d'anneaux collants (*A*) d'une substance résineuse recueillie sur des plantes. (Photo Dr M. Lindauer.)

que l'abeille indienne, cette abeille s'envole fréquemment pour de longs parcours. Où qu'elle édifie son nouveau rayon, ce sera toujours de façon qu'elle aperçoive directement le ciel. Ainsi nous en arrivons au point qui présente en l'occurrence le plus grand intérêt. L'abeille géante danse à la manière de nos abeilles. Par le rythme de sa danse et le sens de son frétillement, elle indique à ses camarades la direction et la distance du but. Comme nos abeilles, elle transpose sur le plan vertical formé par le rayon l'angle solaire par rapport à la direction de la pesanteur, mais elle n'y réussit que si, lors de la danse, elle voit le soleil ou le ciel bleu. Là se trouve la raison profonde de son mode de construction en plein air. Elle est, en effet, incapable de prendre note de l'angle solaire pour le reporter par la suite, de mémoire, dans un habitat sombre, à partir de la direction de la pesanteur. Et, sous ce rapport, son système de communication se place à un stade quelque peu inférieur.

L'*abeille mellifique naine* est encore plus primitive et, par là, intéressante au plus haut degré. C'est une naine ravissante : plus petite qu'une mouche domestique, à l'abdomen marqué de rouge brique avec des bandes feutrées blanc-argent. Elle aussi ne confectionne qu'un seul rayon, grand comme une paume de main, suspendu à une branche dans un feuillage léger, toujours à ciel ouvert (fig. 115). La partie supérieure du rayon enlace la branche à laquelle il pend et elle est un peu élargie de façon à former, sur son dos, un plateau horizontal — le parquet de danse de la petite communauté ! C'est là, qu'à leur retour, les récolteuses atterrissent et diffusent leurs nouvelles. Au fond, elles aussi ont le langage « dansé » de notre abeille à miel, mais elles dansent uniquement sur la plate-forme supérieure de leur rayon, sur un plan horizontal, en vue du soleil et du ciel bleu. Si, par des artifices, l'on contraint les récolteuses à se rendre sur les faces latérales du rayon, orientées verticalement, elles dansent d'une façon absolument désordonnée et sans direction. Elles ne sont pas du tout à même de transposer l'angle solaire par rapport à la verticale et ne peuvent montrer la direction du butin qu'en se plaçant, lors de leur course frétillante, sur un parquet horizontal dans la direction angulaire qu'elles avaient suivie en volant vers leur but. C'est ce que fait exceptionnellement aussi notre abeille, et nous avons considéré ce comportement comme étant le plus simple et plus primitif (p. 158 s.). L'abeille mellifique naine en est restée là, sans aller plus loin. En conséquence, elle doit accepter de vivre en plein air et d'être exposée sans protection aux averses des régions tropicales.

Ainsi, en passant en revue les espèces parentes de l'abeille mellifique, nous avons recueilli quelques indications quant à la voie peut-être suivie par nos abeilles pour arriver à leur prodigieux « langage ». Le premier progrès semble avoir été atteint lorsque aux courses actives mais sans but sur le rayon, furent substitués des trajets *dirigés*, des mouvements « intentionnels » des récolteuses qui, se préparant à un nouveau départ, marquaient en quelque sorte déjà la direction de leur envol comme un oiseau qui, avant de s'élancer, pointe déjà le cou dans la direction vers laquelle il tend. Vu leur mode d'orientation, on conçoit aisément qu'elles se réfèrent à ce moment au soleil, comme lors de leur vol. Mais comment en arrivèrent-elles à transposer, dans l'obscurité de leur ruche, l'angle solaire sur l'angle de la pesanteur ? Le peuple des abeilles s'est-il rassemblé un jour pour convenir d'une clef de transposition : direction vers le haut sur le rayon = direction par rapport au soleil lors du vol, etc... ?

Des expériences faites sur d'autres insectes ont aussi permis de mieux comprendre ce procédé. Dans des circonstances déterminées, on voit même un coléoptère coprophage se servir du soleil pour ne pas perdre le bon chemin. Il procède simplement de façon qu'en rampant à terre, il respecte un certain angle par rapport au soleil — à une source de lumière artificielle lorsqu'il est mis au service de la science comme animal d'expérience. S'il se trouve soudain placé dans l'obscurité, tandis que le support sur lequel il se déplace est redressé à la verticale, il conservera, par rapport à la direction de la pesanteur, l'angle qu'il avait pris précédemment par rapport à la lumière. Pour lui, cela ne présente aucune signification biologique. Il ne fait que garder son angle d'orientation, peut-être par suite de paresse intellectuelle. Si la lumière vient à disparaître, il s'en tient à un autre excitant utilisable pour son orientation, dans notre cas à la force de pesanteur. Des comportements du même genre ont été observés chez d'autres espèces d'insectes. Cette transposition dont se montrent capables les abeilles, et qui paraît si difficile à comprendre, ne doit donc manifestement pas se ramener à une décision prise en conseil. Il s'agit bien plutôt d'une particularité primaire — largement répandue — des centres nerveux. Dans l'évolution du langage des abeilles, le second grand pas en avant fut accompli lorsque cette codification innée fut judicieusement utilisée pour communiquer à d'autres une direction apprise par l'expérience et fut ainsi mise, d'une façon vraiment unique, au service d'une mission biologique.

Tout cela paraît très clair — et reste cependant assez mystérieux pour que nous ne cessions pas de nous émerveiller.

INDEX ALPHABÉTIQUE

TABLE DES MATIÈRES